電気・電子工学概論

オームの法則〜コンピュータサイエンス

和田　清・岡田龍雄・興　雄司・佐道泰造 著

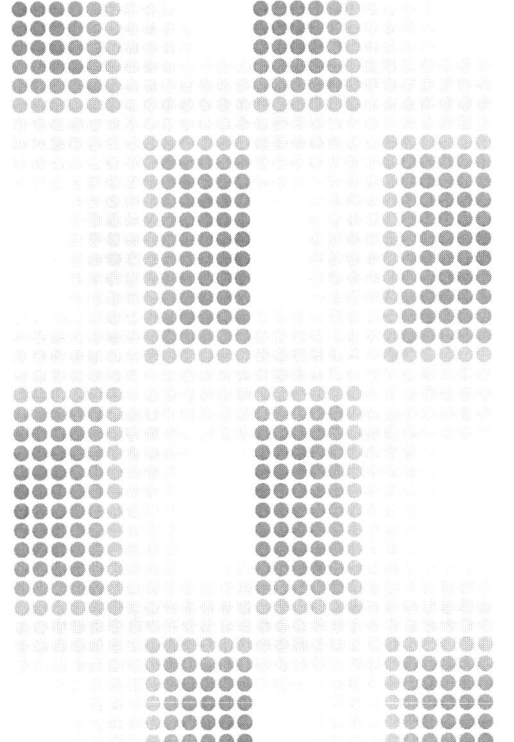

朝倉書店

本書は，株式会社昭晃堂より出版された同名書籍を再出版したものです．

まえがき

　本書は，電気系以外の工学部の学科学生に電気・電子工学の概要を講義するためのテキストとして書かれたものである．したがって，学生にとって分かりやすいと同時に，教官にとっても教えやすいことを念頭に執筆した．

　たとえばコンピュータで用いられている電気電子工学技術に限定しても半導体，光学，磁気，液晶など，多岐にわたっているので，電気理論（1～4章），コンピュータ（5章），電子工学（6, 7章）の基礎に内容を限定し，内容や記述が網羅的になることを避けている．そのため，電気エネルギーに関連したものなどは含まれていない．個々のあまり深い部分には言及せず，電気・電子工学の骨格を示すことにより，必要に応じてどのように深い部分を学習すべきか，その出発点の指標を与えることができれば良いのではと考えている．

　コンピュータの章では，「電子回路，装置としてのコンピュータ」と「使う側からみた道具としてのコンピュータ」の2つの観点から記述を行なっている．特に後者の観点では，コンピュータを使う上で知っておくべき基本的な知識について広く触れるよう心掛けている．

　電子工学の部分では，半導体デバイスの章で半導体の物性からデバイスまでの広い範囲の基礎を出来るだけ直感的に平易に記述している．また，電子回路の章では，アナログ及びディジタル基本回路から集積回路までの非常に広い範囲を対象としているが，特に，基本回路の解析手法を詳細に記述している．

　本書は電気系以外の学生を対象としたものであるが，電気系の学生あるいは企業の技術者にとっても，電気・電子工学の知識を整理するための参考書となりうるものである．

　本書がとにもかくにも出版にこぎつけることができたのは，怠慢な著者を7年近くも辛抱強く叱咤激励してくださった昭晃堂編集部の小林さんのおかげと深く感謝の意を表したい．

2003年5月

著者を代表して

和田　清

目　次

1　電気と磁気

1.1　真空中の静電界 …………………………………… 1
1.2　導体系と静電界 …………………………………… 6
1.3　誘　電　体 ………………………………………… 10
1.4　電流と抵抗回路 …………………………………… 12
1.5　電　流　と　磁　気 ……………………………… 14
1.6　磁　性　体 ………………………………………… 20
1.7　電　磁　誘　導 …………………………………… 22
演習問題 ………………………………………………… 24

2　電気回路

2.1　抵　抗　回　路 …………………………………… 26
2.2　回路素子とその性質 ……………………………… 28
2.3　交　流　回　路 …………………………………… 31
2.4　回路に関する諸定理 ……………………………… 39
2.5　2 端子対回路 ……………………………………… 44
2.6　3 相交流回路 ……………………………………… 47
2.7　過　渡　現　象 …………………………………… 54
2.8　ひ　ず　み　波 …………………………………… 59
演習問題 ………………………………………………… 63

3 電気計測

- 3.1 電流・電圧の測定 ……………………………………………… 67
- 3.2 抵抗・容量・インダクタンスの測定 …………………………… 72
- 3.3 電力の測定 ……………………………………………………… 75
- 3.4 位相・周波数の測定 …………………………………………… 76
- 3.5 その他の電気計測器 …………………………………………… 78
- 3.6 電気応用計測 …………………………………………………… 81
- 演習問題 …………………………………………………………… 90

4 制御

- 4.1 フィードバック制御 …………………………………………… 92
- 4.2 システムとモデル ……………………………………………… 93
- 4.3 ラプラス変換 …………………………………………………… 94
- 4.4 伝達関数とブロック線図 ……………………………………… 97
- 4.5 周波数特性 ……………………………………………………… 105
- 4.6 安定性 …………………………………………………………… 113
- 4.7 フィードバック制御系の特性 ………………………………… 117
- 4.8 フィードバック制御系の設計 ………………………………… 121
- 演習問題 …………………………………………………………… 124

5 コンピュータと情報処理

- 5.1 コンピュータ誕生とその基礎概念 …………………………… 128
- 5.2 コンピュータのアーキテクチャ ……………………………… 130
- 5.3 コンピュータのハードウェアアーキテクト ………………… 134
- 5.4 コンピュータのソフトウェアアーキテクト ………………… 151
- 5.5 コンピュータの応用 …………………………………………… 160
- 演習問題 …………………………………………………………… 170

6　半導体デバイス

- 6.1　半導体の基礎 …………………………………………………… 172
- 6.2　ダイオード ……………………………………………………… 184
- 6.3　トランジスタ …………………………………………………… 186
- 6.4　半導体オプトエレクトロニクス ……………………………… 189
- 演習問題 ……………………………………………………………… 195

7　電子回路

- 7.1　増幅回路 ………………………………………………………… 197
- 7.2　ディジタル回路 ………………………………………………… 212
- 7.3　半導体集積回路 ………………………………………………… 219
- 演習問題 ……………………………………………………………… 220

参考文献 ………………………………………………………………… 221
索　　引 ………………………………………………………………… 223

1 電気と磁気

1.1 真空中の静電界

1.1.1 電荷とクーロンの法則

電荷には正と負の2種類がある．同種の電荷同士は反発し，異種の電荷には互いに引き合う力が働く．クーロンは電荷に働く力を精密に測定して，「力の大きさは，互いの電荷量の積に比例し，距離の2乗に反比例する」ことを見い出した．力の働く向きは，2つの電荷を結ぶ線分の方向である．この関係を静電気に関する**クーロンの法則**と呼び，電荷に働く力を**電気力 (静電気力)**，あるいはクーロン力と呼ぶ．

電荷の大きさを表す単位には**クーロン**〔C〕を用いる．1〔C〕は1アンペア〔A〕の電流が1秒間に運ぶ電荷の量に等しい．本書では **SI** 単位系を用いているが，この単位系では長さ，質量，時間の単位にはそれぞれ〔m〕，〔kg〕，〔s〕を用い，電磁気量の基本単位には〔A〕を用いる．電流単位の定義については 1.5 節の電流と磁気の項で述べる．

さて，図 1.1 のように真空中の原点 O から r' および r の位置に 2 つの電荷 Q_1，

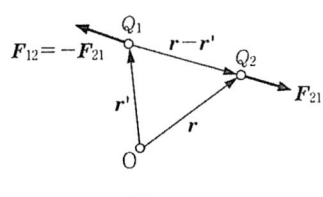

図 1.1

Q_2 を置いたとき，電荷 Q_1 が電荷 Q_2 に及ぼす力 $\bm{F}_{21}$ はクーロンの法則より，

$$F_{21} = \frac{Q_1 Q_2}{4\pi\varepsilon_0 |\bm{r}-\bm{r}'|^2} \frac{(\bm{r}-\bm{r}')}{|\bm{r}-\bm{r}'|} \tag{1.1}$$

となる．式中の ε_0 は真空の**誘電率**と呼ばれる定数である．ε_0 の値は SI 単位系では $\varepsilon_0 = 8.85 \times 10^{-12} [\mathrm{C^2/N \cdot m^2} = \mathrm{F/m} : \text{ファラッド／メートル}]$ である．

1.1.2　電　界

互いに隔たった電荷に力が働くのは，電荷の周りには，電荷に力をおよぼす作用を持つ**電界**(**電場**) が生じているためと考えられる．電界は直接見ることはできないが，その存在は空間に電荷を置いたとき，電荷に働く力の大きさと，向きから体感できる．すなわち，電荷量 Q の大きさが無視できる**点電荷**を置いたとき，点電荷に働く力が $\bm{F}$ であるなら，その点の電界 $\bm{E}$ は，

$$\bm{F} = Q\bm{E} \tag{1.2}$$

と定義される．電界は向きを持ったベクトル量であり，その向きは正電荷に働く力の向きと一致している．

1C の電荷に働く力が 1N のときの電界の大きさを，1N/C=V/m：ボルト／メートルと定義する．式 (1.1) と (1.2) より，真空中の原点から $\bm{r}_1$ に置かれた電荷 Q_1 が位置 $\bm{r}$ の点に作る電界 $\bm{E}$ は，

$$\bm{E} = \frac{Q_1}{4\pi\varepsilon_0 |\bm{r}-\bm{r}_1|^2} \frac{(\bm{r}-\bm{r}_1)}{|\bm{r}-\bm{r}_1|} \tag{1.3}$$

と表せる．

多数の電荷がある場合は，図 1.2 のように各電荷が作る電界をベクトル的に合成して求めることができる．すなわち，電界には**重ね合せの原理**が成り立つ．

$$\bm{E} = \sum_i \bm{E}_i = \sum_i \frac{Q_i}{4\pi\varepsilon_0 |\bm{r}-\bm{r}_i|^2} \frac{(\bm{r}-\bm{r}_i)}{|\bm{r}-\bm{r}_i|} \tag{1.4}$$

さらに図 1.3 のように，電荷が電荷密度 $\rho(\bm{r}_i)$ で連続的に分布している場合には，各微小体積 ΔV_i 内の電荷 $\rho \Delta V_i$ が作る電界を電荷分布全体にわたってベクトル的に合成すればよい．すなわち，

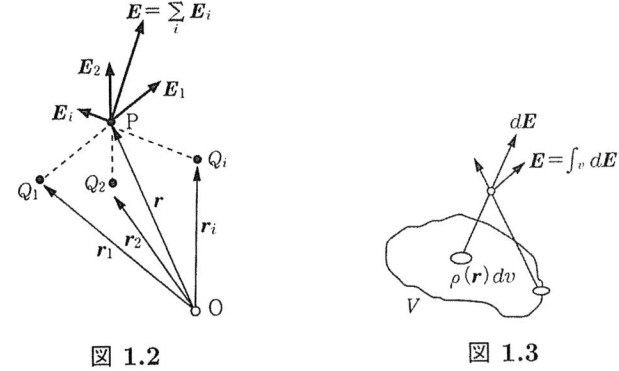

図 1.2　　　　　　　図 1.3

$$E = \sum_i \frac{\rho(r_i)\Delta V_i}{4\pi\varepsilon_0 |r-r_i|^2} \frac{(r-r_i)}{|r-r_i|} = \int \frac{\rho(r_i)}{4\pi\varepsilon_0 |r-r_i|^2} \frac{(r-r_i)}{|r-r_i|} dV_i \tag{1.4}'$$

このように，電荷分布が分かっていれば電界を計算できる．

1.1.3　電気力線

電界中に点電荷を置いて，電気力の方向に沿って電荷を動かすと1本の曲線が描ける．これを電気力線という．電気力線は目に見えない電界を視覚化するのに便利である．電気力線は次のような性質を持っている．

(i)　電気力線は正の電荷から発生して，負の電荷に吸い込まれて終わる．
(ii)　電荷のあるところ以外で発生したり，消滅したりすることはない．
(iii)　電界の向きは電気力線の接線方向と一致している．したがって，電気力線が交差することはない．
(iv)　電界の強度は，電気力線に垂直な面内の単位面積あたりの本数で表す．

1.1.4　ガウスの定理

図1.4で点電荷 Q を中心とする半径 r の球を考え，この球面から出ていく電気力線の数を求めてみよう．この球面上の単位面積当たりの電気力線の数密度は，

定義から $Q/4\pi\varepsilon_0 r^2$ であり，球面上ではその密度は一定である．したがって，球面 (表面積 $4\pi r^2$) から出ていく電気力線の総量は，$4\pi r^2 \times E = Q/\varepsilon_0$ であることが分かる．

この例のように，電荷量 Q を内部に含む閉じた曲面を考えたとき，その曲面から出ていく電気力線の総量は，いつも Q/ε_0 に等しいことが証明できる．この関係は，ガウスの定理と呼ばれている．

ガウスの定理は，図1.5のように，ちょうど泉から湧き出る水の総量は，泉の縁から流れ出ていった水の総量に等しい，ということに例えられる．今の場合，電気力線の総量 Q/ε_0 が湧き出る水の総量に相当する．

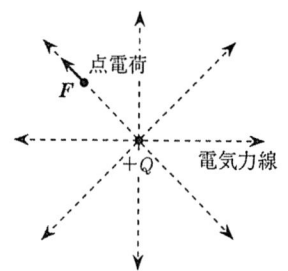 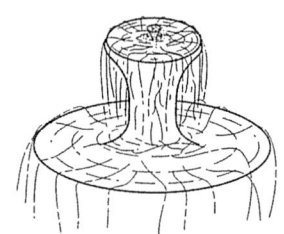

図 1.4 点電荷の作る電力線　　図 1.5 ガウスの定理のイメージ

1.1.5 ガウスの定理の応用

ガウスの定理を使うと電荷分布の対称性が良い場合には，式 (1.4)′ によらずとも簡単に電界を求められる．

例として無限平面状電荷が作る電界を求めてみよう．電荷密度分布は $\sigma\,[\mathrm{C/m^2}]$ で一様とする．まず，電荷分布の対称性から，電界は面に垂直な方向を向いてお

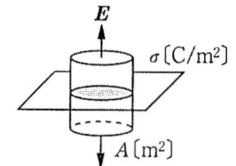

図 1.6 平板状電荷の作る電界

り，面の両側では大きさは等しく，向きが逆である．閉曲面として図1.6のように，電荷面に垂直で対称な円柱面を考え，底面積を A とする．このとき，電界は円柱側面と平行であるから，円柱の側面から出ていく電気力線の数はゼロである．両底面から出ていく電気力線の総数は，底面上での電界の強さを E とすれば，$2AE$ である．円柱内に含まれる電荷量は σA なので，ガウスの定理より $2AE = \sigma A/\varepsilon_0$ となる．これから電界 E は $E = \sigma/2\varepsilon_0$ と求まる．

1.1.6 電位

電界中で電荷量1Cの単位電荷を電気力に逆らって点Oから点Pまで動かすのに必要な仕事を，点Oに対する点Pの電位(電位差)という(図1.7参照)．電位の単位には，ボルト〔V=J/C〕を用いる．電界は重力の場と同様に保存場であり，電位は電荷を動かす途中の経路にはよらないことが証明できる．

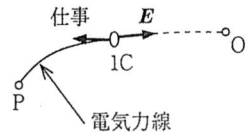

図 **1.7** 電位：電気力に逆らってする仕事

そこで，通常は点Oを無限遠点にとって，点Oの電位をゼロ(基準)としたときの点Pの電位を，単に点Pの電位(**静電ポテンシャル**)という．すなわち，動かす経路に沿った電界の成分を E_s として，経路方向の微小長さを ds とすれば，P点の電位 V_p は，

$$V_p = -\int_O^P E_s ds \tag{1.5}$$

と書ける．これより，点電荷 Q から距離 r の点の電位は，以下となる．

$$V = \frac{Q}{4\pi\varepsilon_0 r} \tag{1.6}$$

電位が等しい点を結んでできる曲面を**等電位面**という．電気力線に垂直方向に電荷を動かすときには仕事をしないので，等電位面は電気力線と直交していることが分かる．

1.2 導体系と静電界

1.2.1 導　体

内部を電荷が自由に動くことができる物質を導体と呼ぶ．金属は大変よい導体のモデルである．導体の内部の静電界がゼロでなければ電荷が動くので，平衡状態にある導体の内部では電界はゼロになっている．導体内部には電界はないから，導体の電位はいたるところで等しく，導体表面は等電位面になっている (図 1.8)．等電位面は電気力線と直交しているので，外部電界の向きは導体表面に対して垂直である (図 1.9)．導体を電界中に置くと，外部の電界を打ち消して内部の電界がゼロになるように，電荷の分布に再配置が起こる．これを，静電誘導という．

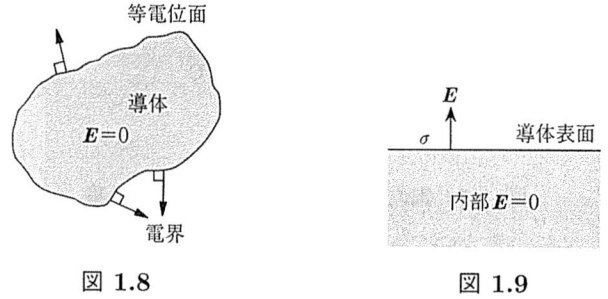

図 1.8　　　　　　　図 1.9

1.2.2 静 電 遮 蔽

図 1.10 のように内部に空洞を持つ導体が，外部電界 E_0 の中に置かれている．この時，導体の内部の電界 $E_1 = 0$ であることはすでに述べた．では，空洞の中の電界 E_2 はどうなるか考えてみよう．

空洞の内部には電荷はないものとする．もし，内部の電界 $E_2 \neq 0$ とすると，電界は正電荷で発生して負電荷でおわるので，空洞を囲む導体上には正負の電荷が存在することになり，空洞内には電荷から電気力線が生じて，導体表面の場所により電位差が発生する．しかし，導体表面は等電位面であるから，そのようなことは起こり得ない．したがって，空洞表面には電荷は存在せず $E_2 = 0$ でなけ

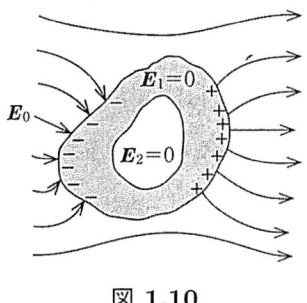

図 1.10

ればならない．

つまり，導体に囲まれた空洞は，外部の電界の影響を受けず電界は零である．特に，空洞導体を接地しておけば，電位も外部の影響を受けず一定に保たれる．この現象を**静電遮蔽**といい，電気機器などを電界の影響から遮蔽，あるいは内部の電界の影響が外部にもれないようにするのに利用する．

1.2.3 静電容量

図 1.11 のように 2 つの導体を接近して配置した構造を，コンデンサあるいはキャパシタという．2 つの導体の電荷量がそれぞれ $Q, -Q$，導体間の電位差が V のとき，

$$Q = CV \tag{1.7}$$

と表せる．ここで，比例係数 C をコンデンサの**静電容量**，あるいは単に**容量**という．

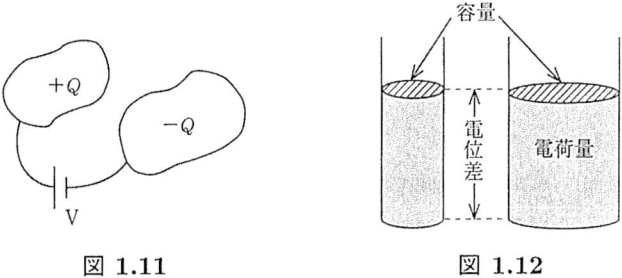

図 1.11　　　　図 1.12

電気容量の単位には，C/V=F：ファラッドを用いる．電気容量は導体間の位置関係や導体の形状など幾何学的条件によってのみ決まり，電荷を蓄える能力を表す．ちょうど容器に水を蓄えるとき，水の量(電荷)が水面の高さ(電位差)と，容器の底面積(容量)の積に比例するのに例えられる(図1.12)．

1.2.4　平行平板コンデンサ

図1.13のように，2枚の金属板を平行に向かい合わせて作った平行平板コンデンサの容量を求めてみよう．簡単のため電極の平板の一片の長さ L が，電極間の距離 d に比べ十分大きいとし，電極間で電界は一様と考えられるものとする．電極板の端での電界の歪(端効果という)は無視できるとする．

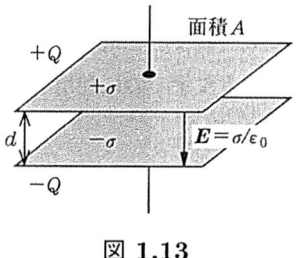

図 1.13

電極上の電荷密度を σ とすれば，問1.4より電極間の電界 E は $E = \sigma/\varepsilon_0$ で場所によらず一定である．したがって，導体間の電位差 V は $V = \sigma d/\varepsilon_0$ となる．また，電極の全電荷を Q とすれば，$\sigma = Q/A$ であり，$Q = CV$ の関係より平行平板コンデンサの電気容量は，

$$C = \frac{\varepsilon_0 A}{d} \tag{1.8}$$

と求まる．電気容量は電極間の間隔が狭く，面積が大きいほど大きくなる．

1.2.5　コンデンサの接続

2つ以上のコンデンサを接続する方法には，直列接続と並列接続の2つがある．
電気容量 C_1 および C_2 のコンデンサを図1.14(a)のように，直列接続する場合を考えてみよう．この場合，たとえば C_1 のコンデンサの一方の電極板の電荷

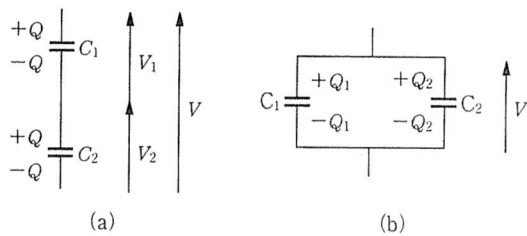

図 1.14

を Q とすると，他の電極は図のように帯電する．すなわち，各コンデンサの電荷量が等しくなるように電位差が分配される．$V = Q/C_1 + Q/C_2$ なので，合成容量 $C = Q/V$ は以下となる．

$$\frac{1}{C} = \frac{1}{C_1} + \frac{1}{C_2} \tag{1.9}$$

同図 (b) に示す並列接続では，各コンデンサの電極間の電位差は V に等しいので，全電荷量 Q は $Q \equiv C_1 V + C_2 V$ であり，合成容量 C は，式 (1.10) となる．

$$C = C_1 + C_2 \tag{1.10}$$

ところで，コンデンサは特別に作らなくとも電気回路などでは，リード線や金属ケースなどの導体間で自然に形成される．このような容量は**浮遊容量**と呼ばれ，回路動作に思わぬ影響を与えたり，計測の際の誤差の原因となる．この影響を小さくするには，導体の配置を工夫したり，静電遮蔽を施す．

1.2.6　コンデンサの蓄積エネルギー

コンデンサに電荷を蓄積するには，図 1.15 に示すように，すでに蓄積されている電荷による電気力に逆らって電荷を運ぶための仕事が必要がある．容量 C のコンデンサに電荷量を Q まで蓄積し，電極間の電位差が V のとき，必要な仕事量 W は，

$$W = \frac{1}{2}CV^2 = \frac{1}{2}QV \tag{1.11}$$

で与えられる．このエネルギーは，コンデンサに**静電エネルギー**として蓄えられている．

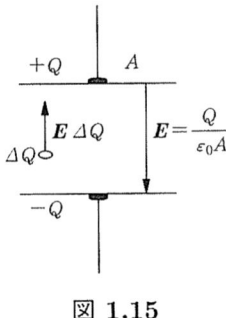

図 1.15

1.2.7 電界のエネルギー

平行平板コンデンサを考えると，$C = \varepsilon_0 A/d$ であるので，極板間の電界 $E = Q/A\varepsilon_0$ を用いると，式 (1.11) は電極間に単位体積当たり

$$\frac{1}{2}\varepsilon_0 E^2 \tag{1.12}$$

の静電エネルギーが蓄えられているとも解釈できる．

一般に電界が存在すると，単位体積当たり式 (1.12) のエネルギーが空間に蓄えられていると考えられる．この考えは，静電気では確かめようがないが，電界を含む波である電磁波で，実際にエネルギーが空間を運ばれて行くことを考えると，妥当だと考えられる．

1.3 誘 電 体

1.3.1 誘 電 率

平行平板コンデンサの電極間を電気を通さない**絶縁体**で満たすと，真空の場合に比べ静電容量が大きくなる．電極間が真空の場合の静電容量に対する比を**比誘電率** ε_s と呼んでいる．また，$\varepsilon_s \varepsilon_0 = \varepsilon$〔F/m〕を**誘電率**と呼ぶ．誘電率は物質固有の定数である．電界に対する性質に注目する立場から，絶縁体を**誘電体**とも呼ぶ．

1.3 誘電体

表 1.1 色々な物質の比誘電率

物　質	比誘電率	物　質	比誘電率
空気	1.000586	ポリスチレン	2.4～2.7
酸素	1.000547	ポリエチレン	2.3
変圧器油	2.2～2.4	石英ガラス	3.5～4.5
塩化ビニール	3.0～3.5	水	80.7

1.3.2 分極と分極電荷

　誘電体をコンデンサ電極間に挿入したとき，静電容量が大きくなる現象は，次のように理解されている．誘電体中では電荷は自由に動くことはできないが，電界中では誘電体を構成する原子の正電荷とその周囲の負の電子の位置がわずかにずれる．その結果，図 1.16 のように，コンデンサ電極間に挿入された誘電体表面には電荷が現われ，電極の電荷から発生した電気力線の一部は，誘電体表面の電荷に吸い込まれて終わる．その結果，誘電体内の電界は小さくなり，電極間の電圧は下がる．電極上の電荷は q で一定であるので，これはコンデンサの容量が大きくなったことに相当する．

　誘電体中で正負の電荷がわずかに分離する現象を**分極**といい，その結果誘電体の端に現われる電荷を**分極電荷**という．これに対して，これまで議論してきたような原子に束縛されず自由に動ける電荷を，**自由電荷**ともいう．分極の原因としては，原子自体や分子自体の電荷分布が，電界でわずかにずれる原子分極や分子

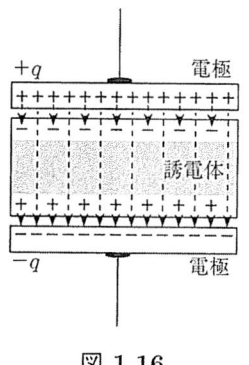

図 1.16

分極，分子自身がもともと分極 (双極子) を持っており，通常はバラバラな方向を向いているが，電界により向きがそろって発生する双極子分極などがある．

1.3.3 誘電体中での静電界

誘電体がある場所の電界は，図 1.16 に示したように表面の分極電荷のために，誘電体がない場合に比べ小さくなる．平行平板コンデンサの容量を比較すれば，電界は $1/\varepsilon_s$ だけ小さくなっていることが分かる．一般に，誘電体中の静電界は，空間が一様な誘電体で満たされている時，これまで議論してきた真空の誘電率 ε_0 を，誘電体の誘電率 ε に置き換えればそのまま適用できる．

1.4 電流と抵抗回路

1.4.1 電　流

電流は電子など真電荷の正味の流れによって作られる．ある断面内を単位時間当たり通過する全電荷量を**電流**という．電流の単位にはアンペア〔A=C/s〕を用いる．SI 単位系では，電流が電気量の基本単位である．電流の大きさは，後述のように，電流が作る磁場が他の電流に及ぼす力によって定義される．正電荷の正味の動きの方向を，電流正の方向にとる．

図 1.17 のように流れの方向に垂直な断面内を単位時間・単位面積当たり通過する電荷量を**電流密度**という．電流密度 $\boldsymbol{J}$〔A/m²〕は，電荷密度 ρ〔C/m³〕，移動速度 $\boldsymbol{v}$〔m/s〕と式 (1.13) のような関係がある．

$$\boldsymbol{J} = \rho \boldsymbol{v} \tag{1.13}$$

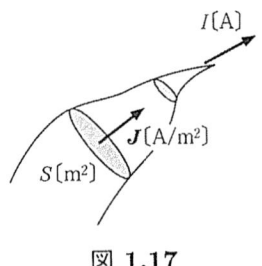

図 1.17

1.4.2 起電力

電荷が動くためには，電荷の動く方向に電界，すなわち動く 2 点間で電位差がなくてはならない．導体に電流を流すには，導体の中にポンプのように電位差を作り出すものが必要である．このような働きをするものを**起電力**という．起電力を発生する装置を**電圧電源**という．

1.4.3 抵 抗

電流が流れている導線の 2 点の間には，電位差が生じる (図 1.18)．多くの物質で電位差 V は，電流 I に比例し，

$$V = RI \tag{1.14}$$

と表せる．これを**オームの法則**という．比例係数 R は**抵抗**と呼ばれ，単位にはオーム〔$\Omega = \mathrm{V/A}$〕を用いる．

導体の抵抗は，物質によっても異なるが，導体の長さ，太さなどの形状でも異なる．そこで，抵抗を導体の長さと太さで規格化して，

$$R = \rho \frac{l}{S} \tag{1.15}$$

と書いた時，比例定数 ρ は形状によらず物質固有の値となり，**比抵抗**〔$\Omega\mathrm{m}$〕と呼ぶ．またその逆数を**導電率**という．ここで，S は導体の断面積，l は長さである．

また，金属の比抵抗は一般に温度の関数であり，多くの場合温度 t に対して $\rho = \rho_0\{1 + \alpha(t - t_0)\}$ なる 1 次関数で良く近似できる．ここで，ρ_0 は温度 t_0 での比抵抗，α は抵抗の温度係数と呼ばれる．表 1.2 に幾つかの金属の比抵抗と温度 20 ℃に対する温度係数を示しておく．ただし，金属の比抵抗は，金属の純度により大きく変化することに注意する必要がある．

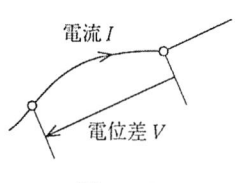

図 **1.18**

表 1.2 色々な金属の比抵抗と温度係数

物　質	比抵抗 $[10^{-8}\Omega\mathrm{m}]$	温度係数 $[10^{-3}]$
銀	1.62	4.1
金	2.4	4.0
銅	1.69	4.3
アルミニウム	2.75	4.2
鉄	10.0	5.0
ニクロム	100～110	0.1～0.2

1.4.4 抵抗回路

電源と抵抗を導体で接続してできる閉回路を，抵抗回路という．このとき，抵抗には電流が流れ，抵抗両端には電位差が生じる．この電位差を抵抗での電圧降下という．電源に電流を流したとき，電源の端子間の電圧は回路を開いた時の電圧とは異なる．これは，一般に電源には内部抵抗があり，電流を流すと内部抵抗による電圧降下が生じるためである．

1.5　電流と磁気

1.5.1 磁　界

静止している電荷に働く力から電界を体感できることを述べた．一方，**磁界**は運動している電荷に力を及ぼすことが知られている．力の大きさは速さに比例し，その向きは磁界の向きと速度ベクトルの両方に直交している．これをまとめて電荷に働く力を式に表せば，

$$F = q(E + v \times B) \tag{1.16}$$

と書くことができる．これはローレンツ力と呼ばれている．第1項は電気力である．第2項は**磁気力**であり，qは電荷[C]，vは速度[m/s]，Bは**磁束密度**と呼ばれ，磁界を表す．磁束密度の単位は式(1.16)より[Ns/Cm]であるが，これをテスラ[T]または[Wb/m²:ウエバー毎平方メートル]で表す．

このように磁界の存在も，磁気力という力を通して感じることができる．実際に，運動する荷電粒子に働く力(軌道)を測定して磁界の分布を求めることも行われている．

1.5.2 電流に働く力

電流は電子の流れであるから，この電子に働く磁気力により，電流あるいは電流が流れている導体にも力が働く．

磁束密度 B の磁界中を流れる電流密度 J〔A/m²〕の電流には，式 (1.13) と (1.16) より，単位体積当たり

$$F = J \times B \tag{1.17}$$

の力 F〔N/m³〕が働く．

電流が流れている場所で磁場が一様であるならば全電流を I として，電流の単位長さ当たりに働く力 F〔N/m〕は，(1.18) と表せる．

$$F = I \times B \tag{1.18}$$

電流に働く力の向きは電流，磁界のどちらにも垂直の方向であり，電流から磁界の方向に右ねじを回したとき，ネジの進む向きである (図 1.19 参照)．

1.5.3 ビオサバールの法則

静電界の場合，電荷の分布が分かればクーロンの法則により任意の点での電界を求めることができた．磁界の源は電流であり，電流分布が分かれば任意の点での磁界を求めることができる．磁界の場合のこの法則は，ビオサバールの法則と呼ばれている．

図 1.20 のように電流 I が流れている線のうち，長さ ds の部分の電流が，距離

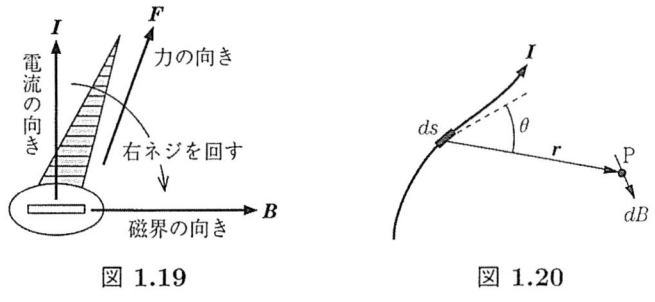

図 1.19　　　　　　図 1.20

r の点 P につくる磁界の大きさは，

$$dB = \frac{\mu_0 I \sin\theta}{4\pi r^2} ds \tag{1.19}$$

で与えられる．ここで，μ_0 は真空の透磁率であり，$\mu_0 = 4\pi \times 10^{-7}$ H/m である．θ は，ds の向きと r の向きのなす角度である．電流は閉じた曲線となって連続して流れているので，点 P の磁界の強さは，式 (1.19) の値を電流が流れている経路全体にわたって足し合わせて求める．

磁場の向きは，ds の向きと r の向きのいずれにも直交しており，電流の流れる方向へ進む右ネジの回転する方向と一致している (右ネジの法則)．方向まで考慮に入れると，式 (1.19) は，以下のように表せる．

$$\boldsymbol{B} = \frac{\mu_0 I}{4\pi} \int \frac{d\boldsymbol{s} \times (\boldsymbol{r} - \boldsymbol{r}')}{|\boldsymbol{r} - \boldsymbol{r}'|^3} \tag{1.20}$$

1.5.4 アンペールの法則

長い直線状の導体を流れる大きさ I の電流が作る磁界の大きさ B_θ は，導体の中心から r の位置で (図 1.21)

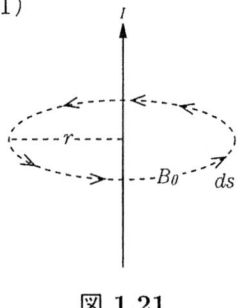

図 1.21

$$\frac{\mu_0 I}{2\pi r} \tag{1.21}$$

であることが知られている (問 1.11 参照)．向きは導体周方向で，電流の向きに右ネジを回す向きである．ここで B_θ を半径 r の円周上に沿って積分すると，

$$\int B_\theta ds = 2\pi r \int \frac{\mu_0 I}{2\pi r} d\theta = \mu_0 I \tag{1.22}$$

の関係があることに気付く．この関係は，アンペールの周回積分定理と呼ばれている．磁界は電流の周りに閉じた分布となっているが，ある閉曲線に沿って磁界

の強さを積分した値は，その閉曲線と鎖交する電流の μ_0 倍に等しい．N 回鎖交している場合は，式 (1.22) の右辺は N 倍しなければならない．

　静電気のガウスの定理の場合と同様に，この関係を使うと磁界の大きさを簡単に求めることができる場合がある．

1.5.5　二本の平行電流に働く力——電流単位の定義

　図 1.22 のように間隔 d で逆向きに流れている大きさが，I の直線状電流に働く力を求めてみよう．一方の電流が作る磁束密度の大きさは式 (1.21) で与えられるので，この磁界により他方の電流に単位長さ当たりに働く力は

$$\frac{\mu_0 I^2}{2\pi d} \tag{1.23}$$

となる．力の向きは，互いに反発し合う方向である．

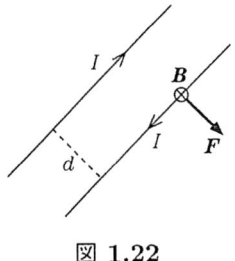

図 1.22

　SI 単位系では，$d=1$m のときの力が，2×10^{-7}N/m になる電流の大きさを 1A と定義する．これで，真空の透磁率の大きさが $4\pi \times 10^{-7}$ となる理由が理解できたであろう．さらに，真空の誘電率 ε_0 と μ_0 は，真空中の光速 c と $c = 1/\sqrt{\varepsilon_0 \mu_0}$ の関係があり，これより ε_0 の値が決まる．

1.5.6　色々な磁界の例

(a)　同軸状電流：半径 a の円筒導体と，内半径 b, 外半径 c の中空円筒導体が中心軸が一致して置かれている．内外導体に大きさが I で，逆向きに一様に流れている時，外部導体の外では磁界はゼロとなる．このような配置は，同軸配置と呼ばれ，同軸ケーブルなど実用的にも重要である．(図 1.23)

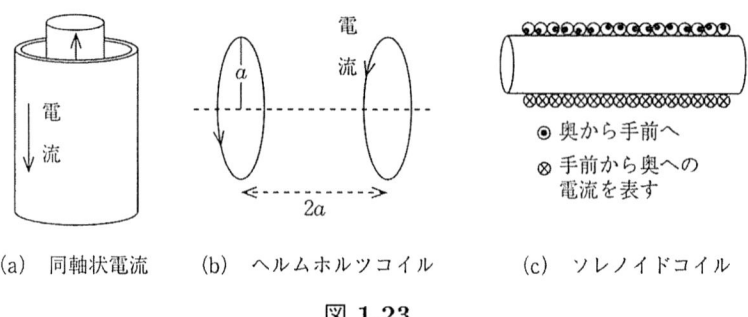

(a) 同軸状電流　(b) ヘルムホルツコイル　(c) ソレノイドコイル

図 1.23

(b) **ヘルムホルツコイル**：半径の同じ円形コイルを中心軸を一致させ，コイル間の距離が半径の2倍に等しくなるように配置したものを，ヘルムホルツコイルという．両コイルの中心付近に一様な軸磁界を作ることができる．

(c) **ソレノイドコイル**：図 (c) のように円筒状にら線状に巻いたコイルをソレノイドコイルという．特に単位長さあたりの巻数 n 巻の無限長ソレノイドコイルに電流を I を流したとき，内部の磁束密度は $\mu_0 n I$ で一定であり，外部ではゼロとなる．

(d) **移動磁界・回転磁界**：ソレノイドコイルを複数個並べて，各コイルに位相を適当にずらせた正弦波電流を流すと，ある強さの磁界に注目すれば，その場所が移動するような磁界が作れる．これは，棒磁石を水平に動かした時と同様に**移動磁界**を作ることができる．

また，図 1.24 のように2つの環状コイルを 90 角度をずらせて配置し，各コイルに 90 度の位相で正弦波電流を流すと，コイルの中央付近では磁界の向きが回転する回転磁界を作ることができる (図 1.25)．移動磁界や回転磁界は電動機 (モーター) を作る際の基礎である．

1.5.7 磁束

ある面を貫く磁束密度の総量を**磁束**〔Wb〕といい，次式で定義される．

$$\Phi = \int_S \boldsymbol{B} \cdot d\boldsymbol{S} \tag{1.24}$$

1.5 電流と磁気

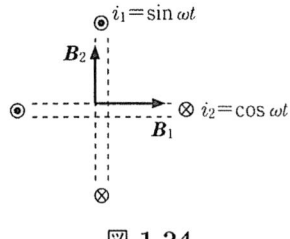

図 1.24

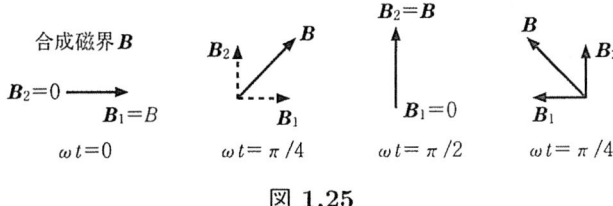

図 1.25

$B \cdot dS$ のうち dS は面の法線方向を向いたベクトル量であり，$B \cdot dS$ は図 1.26 に示すように面 S を正味に貫く磁束を表す．

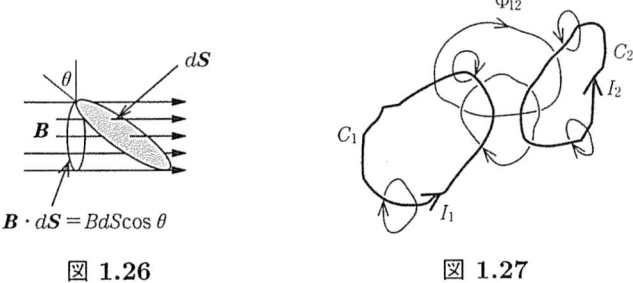

図 1.26　　　　　図 1.27

1.5.8 インダクタンス

図 1.27 のように電流 I_1, I_2 が流れている 2 つの回路 C_1, C_2 を考える．一方の電流が作る磁束密度の一部は，他方の回路と鎖交するであろう．この時，鎖交する磁束は電流に比例し，その比例係数は C_1, C_2 の形状や相対的位置関係などの幾何学的条件のみで決まる．そこで，電流 I_1 の作る磁束の内，C_2 に鎖交する磁束 Φ_{12} を

$$\boldsymbol{\Phi}_{12} = M_{12} I_1 \tag{1.25}$$

と書き，比例係数 M_{12} を回路 C_1 と C_2 の相互インダクタンスと呼ぶ．単位は〔Wb/A=H:ヘンリー〕が用いられる．一般に，$M_{12} = M_{21}$ の関係が成り立つ．

電流が作る磁束密度の一部は，その電流が流れている回路自身とも鎖交する．そこで，この磁束を $\boldsymbol{\Phi}_{11}, \boldsymbol{\Phi}_{22}$ とすると，

$$\boldsymbol{\Phi}_{11} = L_{11} I_1, \quad \boldsymbol{\Phi}_{22} = M_{22} I_2 \tag{1.26}$$

と書ける．L_{11}, L_{22} を回路 C_1, C_2 の**自己インダクタンス**という．自己インダクタンスも回路の幾何形状のみで決まる定数である．

1.6 磁性体

1.6.1 磁性体の種類

単位長さ当たりの巻数 n の無限長ソレノイドコイルに電流 I を流したときの磁界は，コイル内が真空のときは $B = \mu_0 n I$ であることを述べた．コイル内を物質で満たすと，磁界の強さは異なった値となり，これを $B = \mu n I$ で表す．ここで，μ は**透磁率**〔Wb/mA=H/m〕とよばれる．また，μ_0 に対する比を**比透磁率**と呼ぶ．物質の磁気的性質に注目するとき，物質を**磁性体**と呼ぶ．

磁界 B は物質によって変化する．そこで

$$H = \frac{B}{\mu} \tag{1.27}$$

で定義される新たな量 H を導入すると，これは物質の存在によらない量である．H は物質中に B を作る元になっており，単位には〔A/m〕を用いる．

1.6.2 強磁性体

磁性体は，μ の値により次の三種類に大別できる．
(i) $\mu < \mu_0$:反磁性体，
(ii) $\mu \geqq \mu_0$:常磁性体，
(iii) $\mu \gg \mu_0$:**強磁性体**
である．このうち実用上重要なのは，強磁性体である．

強磁性体について H の値を変化しながら B を測定すると，図 1.28 のような**磁化曲線 (B-H 曲線)** が得られる．電流を増やして H を大きくすると，B はやがて飽和する．すなわち，透磁率は H の値によって変化し，**非線形磁化特性**を示す．飽和した状態から H を小さくしていくと，大きくするときとは異なった磁化特性を示す．このように，履歴により磁化特性が異なることを**ヒステリシス特性**と呼ぶ．

1.6.3 磁気シールド

透磁率の大きな磁性体で囲こむと，外部磁界の影響を除くことができる．これを磁気シールドと呼ぶ．磁性体の比透磁率はせいぜい 10,000 程度であり，静電界の場合の導体 (形式上 $\varepsilon = \infty$ に相当) に当たるものがないため，十分な磁気シールドを実現するのは静電遮蔽の場合ほど簡単ではない．

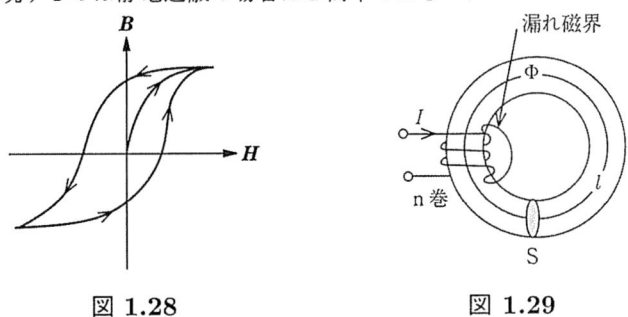

図 1.28　　　　　　図 1.29

1.6.4 磁気回路

一様な断面を持つ透磁率の大きな磁体の一部に，図 1.29 のように，n 巻のコイルを巻き，電流 I を流した場合の磁性体の磁束について考えてみよう．漏れ磁束が無視できると仮定すると，磁性体内で磁束は一定であるから，長さ l に沿ってアンペールの定理を適用すると次式を得る．

$$\int B dl = \frac{\Phi}{S} l = \mu n I \tag{1.28}$$

ここで，起磁力 nI を起電力に，磁束 Φ を電流に $l/\mu s$ を低抗に対応させて考えると，電気回路と同様に取り扱うことができる．このような取り扱いを**磁気回路**と呼び，$l/\mu s$ を**磁気抵抗**と呼んでいる．磁性体では透磁率が導体の導電率程大き

くなく漏れ磁束が生じるため，電気回路の場合ほど厳密に成り立たない．しかし，取り扱いが容易なので近似的手法として有用である．

1.7 電磁誘導

1.7.1 ファラデーの電磁誘導の法則

回路と鎖交する磁束が時間的に変化すると，磁束の変化率に比例する起電力が回路に発生する．起電力の方向は，磁束の変化を妨げる方向に発生する (レンツの法則)．この現象は，ファラデーにより見い出されたもので，ファラデーの**電磁誘導の法則**という．今，回路と鎖交する磁束を $\varPhi$ とすると，起電力 e は，

$$e = -\frac{\partial \varPhi}{\partial t} \tag{1.29}$$

と書ける．日常使用している電気のほとんどは，このファラデーの電磁誘導の法則に基づいて発生したものある．

1.7.2 ローレンツ力との関係

図 1.30 のように矩型回路上を導体が，一定の速度 v で運動している場合の起電力を求めてみよう．磁束密度 B は，図 1.30 のように向かっているとする．この時，導体 C の左側では磁束が $Bvta$ で増加するので，電磁誘導の法則によれば，磁束の増加を妨げる方向に Bva の起電力が発生する．

一方，速度 v で移動している導体内の自由電荷には，$ev \times B$ のローレンツ力

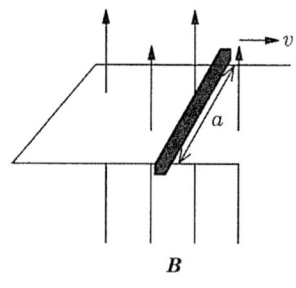

図 1.30

が働き，正負電荷の分離が起こる．このローレンツ力は，電荷の分離により発生した電界による力と釣り合って平衡する．起電力を V とすれば，電気力は eV/a であるから，$V = av \times \boldsymbol{B}$ となる．

1.7.3 自己誘導・相互誘導起電力

ある回路を流れる電流が Δt の間に Δi だけ一定の割合で増加すると，自己インダクタンスの定義より $\boldsymbol{\Phi} = Li$ であるので，

$$e = L\Delta i/\Delta t \Rightarrow e = Ldi/dt \tag{1.30}$$

の大きさの起電力が発生する．起電力は磁束の増加，すなわち電流の増加を妨げる方向である．

また，相互インダクタンス M で結ばれた回路の電流が，時間的に変化すると同様に

$$e = M\Delta i/\Delta t \Rightarrow e = Mdi/dt \tag{1.31}$$

の起電力が誘起される．

ところで，回路の電流を増やすには，この起電力に逆らって $e \times \Delta i$ の仕事をしなければならない．結局自己インダクタンス L の回路に i の電流を流すと，

$$Li^2/2 \tag{1.32}$$

の仕事をすることになり，これは磁気エネルギーとして蓄えられていると考えられる．

1.7.4 渦 電 流

導体上で磁束が変化すると，電磁誘導により図 1.31 のように，循環する電流が流れる．この電流は，特に**渦電流**と呼ばれている．渦電流が流れると導体の電気抵抗により損失が生じ，電気機器などで損失の要因となる．そこで，渦電流が流れにくいように，鉄心などでは薄い鉄板と絶縁物を積層した**成層鉄心**が用いられる．

一方，図 1.32 のように導体上で磁界を移動させると導体に生じる誘導電流と磁界により，導体には磁界の移動する方向へ力が働く．この原理は，誘導電動機に

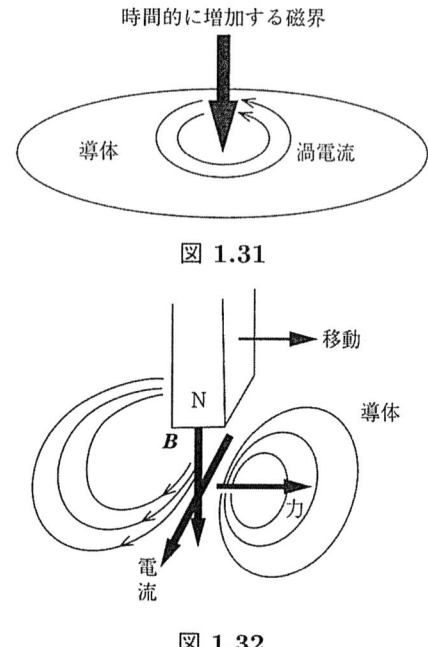

図 1.31

図 1.32

利用されている．磁界を移動させるには 1.5.6(d) で述べた移動磁界や回転磁界が用いられている．

演 習 問 題

1.1 真空中に 10cm 離して置かれた電荷量が，1×10^{-5}C の正負の電荷に働く力の大きさを求めよ．
1.2 問図 1.1 のように，z 軸に沿って単位長さ当り λ の電荷が無限に分布している時，点 $(x,0,0)$ の電界を求めよ．
1.3 単位長さ当たりの電荷密度が，λ〔C/m〕の無限に長い線状電荷が作る電界を求めよ．
1.4 面密度が $\sigma, -\sigma$〔C/m^2〕の無限に広い 2 つの平面状電荷が，距離 d だけ離れて平行に分布している．電荷に挟まれた空間の電界を求めよ．
1.5 10^{-7}C の点電荷から，距離 0.5m の点と距離 0.1m の点の電位はいくらか．

1.7 電磁誘導

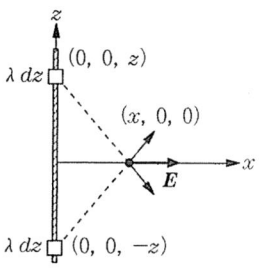

問図 1.1

1.6 図 1.9 のように無限に広い平面状導体表面に電荷密度 σ [C/m^2] で電荷が分布している．導体表面での電界が σ/ε_0 で与えられることを示せ．

1.7 電極面積 $0.1\mathrm{m}^2$，電極間隔 $0.1\mathrm{m}$ の平行平板コンデンサーの容量を求めよ．電極間は真空とする．

1.8 問図 1.2 の回路の合成容量を求めよ．

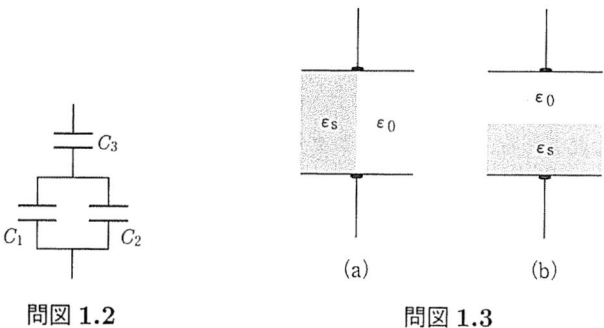

問図 1.2　　　　問図 1.3

1.9 電極間が真空の時の静電容量が C_0 の平行平板キャパシタの電極間の半分を，それぞれ問図 1.3(a),(b) のように比誘電率 ε_s の誘電体で満たした場合の容量を求めよ．

1.10 磁界と垂直に $v = 10^6$ m/s で運動している電子に働く磁気力が，$E = 100$ V/m の電界から受ける電気力と等しいとき，磁界の強さはいくらか．

1.11 ビオサバールの式を用いて，大きさ I の線状電流から距離 r の点での磁束密度を求めよ．

1.12 間隔 1cm で平行に張られた電線に，50A の電流が同じ向きに流れている．電線の単位長さ当たりに働く力を求めよ．また，力の向きはどうか．

2 電気回路

2.1 抵抗回路

2.1.1 オームの法則

前章の電磁気学で述べたように,抵抗を R とすると,電圧 $e(t)$ と電流 $i(t)$ との間にはオームの法則と呼ばれる

$$e(t) = Ri(t) \tag{2.1}$$

なる関係が成り立つ.抵抗 R の逆数を G で表すと,オームの法則は

$$i(t) = Ge(t) \tag{2.2}$$

のように表される.この G をコンダクタンスといい,その単位はジーメンス〔S〕である.

2.1.2 電圧源と電流源

電気回路に,電気的なエネルギーを供給する素子を電源という.電源には電圧源と電流源があり,それぞれ接続される回路に関わらず定められた電圧,あるいは電流値に保たれる理想的な素子である.

2.1.3 抵抗の接続

2つの抵抗 R_1, R_2 が,図 2.1 のように接続されているとき,直列接続されているという.このときの合成抵抗 R は

$$R = R_1 + R_2 \tag{2.3}$$

で与えられ,直列抵抗と呼ばれる.この式は,オームの法則より $v_1 = R_1 i$, $v_2 = R_2 i$ であること,および $v = v_1 + v_2 = (R_1 + R_2)i$ であることより得られる.な

2.1 抵抗回路

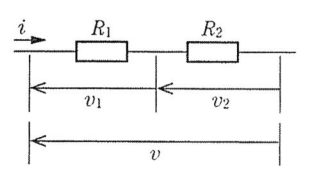

図 2.1 直列接続

お，v_1 および v_2 は

$$\left.\begin{array}{rcl} v_1 & = & \dfrac{R_1}{R_1+R_2}v \\ v_2 & = & \dfrac{R_2}{R_1+R_2}v \end{array}\right\} \tag{2.4}$$

のように，v を R_1 と R_2 の比に配分された形で表される．この式を分圧の式という．

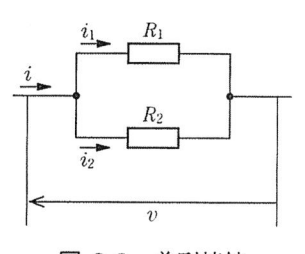

図 2.2 並列接続

一方，2つの抵抗 R_1，R_2 が，図2.2のように接続されているとき，並列接続されているという．このときの合成抵抗 R は

$$\frac{1}{R} = \frac{1}{R_1} + \frac{1}{R_2} \tag{2.5}$$

で与えられ，並列抵抗と呼ばれる．この式は，オームの法則より $v = R_1 i_1$，$v = R_2 i_2$ であること，および $i = i_1 + i_2 = \left(\dfrac{1}{R_1} + \dfrac{1}{R_2}\right)v$ であることより得られる．なお，i_1 および i_2 は

$$\left.\begin{array}{rcl} i_1 & = & \dfrac{R_2}{R_1+R_2}i \\ i_2 & = & \dfrac{R_1}{R_1+R_2}i \end{array}\right\} \tag{2.6}$$

のように，i を R_1 と R_2 の逆比に配分された形で表される．この式を分流の式という．

2.2 回路素子とその性質

本書で取り扱う回路素子は，抵抗のほかにコイルとキャパシタがある．これらはすべて，線形で時不変な理想的な素子である．

2.2.1 各種の回路素子

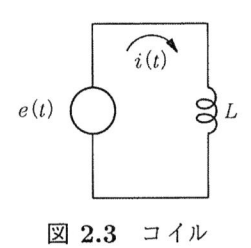

図 2.3 コイル

コイルは，電圧 $e(t)$ と電流 $i(t)$ との間に

$$L\frac{di(t)}{dt} = e(t) \tag{2.7}$$

なる関係がなりたつ素子であり，インダクタとも呼ばれる．定数 L をインダクタンスといい，その単位はヘンリー〔H〕である．

キャパシタは，電圧 $e(t)$ と電流 $i(t)$ との間に

$$C\frac{de(t)}{dt} = i(t) \tag{2.8}$$

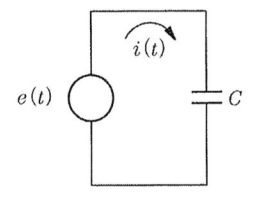

図 2.4 キャパシタ

あるいは

$$e(t) = \frac{1}{C} \int i(t) dt \tag{2.9}$$

なる関係がなりたつ素子であり，コンデンサとも呼ばれる．定数 C をキャパシタンスといい，その単位はファラッド〔F〕である．式 (2.9) の $\int i(t)dt$ は正確には $\int_{t_0}^{t} i(\tau) d\tau$ と書くべきものであり，t_0 は $e(t_0) = 0$ なる任意の時刻である．しかし，通常は簡単のため $\int i(t) dt$ と書く．

2.2.2 回路と微分方程式

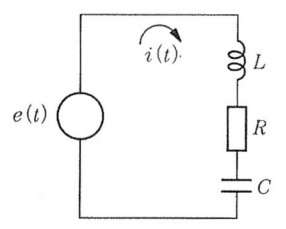

図 2.5 LRC 直列回路

図 2.5 のような L, R, C からなる簡単な回路を考えよう．この回路に対して次の関係が成り立つ．

$$L\frac{di}{dt} + Ri + \frac{1}{C} \int i dt = e(t) \tag{2.10}$$

この関係式を回路の方程式という．電荷 $q(t)$ と電流 $i(t)$ の間には

$$\frac{dq}{dt} = i \tag{2.11}$$

なる関係があるので，式 (2.10) は $q(t)$ についての微分方程式

$$L\frac{d^2q}{dt^2} + R\frac{dq}{dt} + \frac{1}{C}q = e(t) \tag{2.12}$$

となる．したがって $e(t)$ に対する $i(t)$ を求めることは，基本的にこのような微分方程式を解くことに他ならない．

2.2.3 回路素子における電力

図 2.6 電力

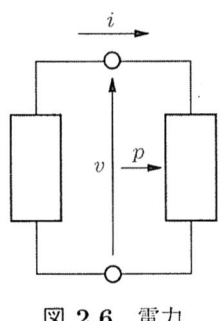

図 2.6 において瞬時電力 $p(t)$ は

$$p(t) = v(t)i(t) \tag{2.13}$$

で与えられる．これは，単位時間あたり左から右へ移動するエネルギーを表す．図 2.6 において回路素子が，それぞれ R, L, C の場合の瞬時電力 $p_R(t)$, $p_L(t)$, $p_C(t)$ は

$$\left. \begin{array}{rcl} p_R(t) &=& Ri(t) \times i(t) = Ri(t)^2 \\ p_L(t) &=& L\dfrac{di}{dt} \times i(t) = \dfrac{d}{dt}\left(\dfrac{1}{2}Li(t)^2\right) \\ p_C(t) &=& v(t) \times C\dfrac{dv}{dt} = \dfrac{d}{dt}\left(\dfrac{1}{2}Cv(t)^2\right) \end{array} \right\} \tag{2.14}$$

である．また，$t = -\infty$ から時刻 t までに移動したエネルギー

$$W = \int_{-\infty}^{t} p(\tau)d\tau \tag{2.15}$$

は，回路素子 R, L, C に対して

$$\left. \begin{array}{rcl} W_R &=& \int_{-\infty}^{t} Ri(\tau)^2 d\tau \\ W_L &=& \dfrac{1}{2}Li(t)^2 \\ W_C &=& \dfrac{1}{2}Cv(t)^2 \end{array} \right\} \tag{2.16}$$

となる．

2.3 交流回路

符号が時間とともに変わらない電圧，電流をそれぞれ直流電圧，直流電流（あるいは単に直流）という．通常は大きさも時間的に不変なものを直流といい，電圧および電流が，このような直流の場合の回路を直流回路という．一方，大きさと符号が周期的に変化する電圧，電流をそれぞれ交流電圧，交流電流（あるいは単に交流）という．特に正弦的に変化するものを正弦波交流といい，電圧および電流が，正弦波交流である場合の回路を交流回路という．本節では，定常状態における交流回路の解析について議論する．

2.3.1 正弦波交流

正弦波交流電圧 $v(t)$ および正弦波交流電流 $i(t)$ は，それぞれ

$$v(t) = V_m \sin(\omega t + \phi) \tag{2.17}$$
$$i(t) = I_m \sin(\omega t + \varphi) \tag{2.18}$$

のように表される．V_m, I_m を振幅または最大値，ω を角周波数，ϕ, φ を初期位相または位相という．また，$v(t)$, $i(t)$ を瞬時値という．角周波数 ω に対して

$$\omega T = 2\pi \tag{2.19}$$

を満たす T を周期といい，T の逆数

$$f = \frac{1}{T} \tag{2.20}$$

を周波数という．周波数の単位にはヘルツ〔Hz〕を用いる．式 (2.19) と (2.20) から，角周波数と周波数の関係式

$$\omega = 2\pi f \tag{2.21}$$

を得る．

交流 $i(t)$ が抵抗 R に流れるとすると，瞬時電力 $p(t)$ は $p(t) = Ri^2(t) = RI_m^2 \sin^2(\omega t + \phi)$ であり，一周期の平均電力 P は

$$\begin{aligned}P &= \frac{1}{T}\int_0^T p(t)dt = \frac{RI_m^2}{T}\int_0^T \sin^2(\omega t + \phi)dt \\ &= R\left(\frac{1}{2}I_m^2\right) = RI_e^2 \end{aligned} \tag{2.22}$$

である．ここで

$$I_e = \frac{I_m}{\sqrt{2}} \tag{2.23}$$

である．この式から分かるように，抵抗 R に交流 $i(t)$ を流したときと直流 I_e を流したときは同じ熱を発生する．そこで，I_e が交流の大きさを表す量として用いられ，実効値と呼ばれている．すなわち式 (2.18) の電流を単に I_e〔A〕の電流という．電圧についても実効値は

$$V_e = \frac{V_m}{\sqrt{2}} \tag{2.24}$$

である．実効値を用いると式 (2.17)，(2.18) は

$$v(t) = \sqrt{2}V_e \sin(\omega t + \phi) \tag{2.25}$$
$$i(t) = \sqrt{2}I_e \sin(\omega t + \varphi) \tag{2.26}$$

のように書ける．

2.3.2　フェーザ表示（ベクトル表示，複素表示）

ここで LRC 直列回路の方程式 (2.10)

$$L\frac{di}{dt} + Ri + \frac{1}{C}\int i dt = e(t)$$

において，$e(t)$ が正弦波交流

$$e(t) = E_m \sin(\omega t + \phi) \tag{2.27}$$

の場合の定常応答を考えよう．微分方程式論によれば，定常状態での電流 $i(t)$ は $e(t)$ と同じ角周波数の正弦波 $i(t) = I_m \sin(\omega t + \varphi)$ である．

$$\frac{di}{dt} = \omega I_m \cos(\omega t + \varphi) \tag{2.28}$$

$$\int i dt = -\frac{1}{\omega} I_m \cos(\omega t + \varphi) \tag{2.29}$$

であるので，これらを回路の方程式に代入すると

$$RI_m \sin(\omega t + \varphi) + \left(\omega L - \frac{1}{\omega C}\right) I_m \cos(\omega t + \varphi)$$
$$= \sqrt{R^2 + \left(\omega L - \frac{1}{\omega C}\right)^2} I_m \sin(\omega t + \varphi + \theta)$$

を得る．ここで，θ は

$$\tan \theta = \frac{\omega L - \frac{1}{\omega C}}{R} \tag{2.30}$$

である．したがって

$$Z = \sqrt{R^2 + \left(\omega L - \frac{1}{\omega C}\right)^2} \tag{2.31}$$

と置くと，$e(t)$, $i(t)$ の振幅と位相について

$$E_m = Z I_m \tag{2.32}$$
$$\phi = \varphi + \theta \tag{2.33}$$

なる関係があることが分かる．そこで，複素数 $\dot{E}$, $\dot{I}$ を

$$\dot{E} = \frac{E_m}{\sqrt{2}} \varepsilon^{j\phi} \tag{2.34}$$

$$\dot{I} = \frac{I_m}{\sqrt{2}} \varepsilon^{j\varphi} \tag{2.35}$$

と置くと，2 つの関係式 (2.32), (2.33) は

$$\dot{E} = Z \varepsilon^{j\theta} \dot{I} \tag{2.36}$$

のように1つの関係式で表される．$\dot{E}$, $\dot{I}$ を瞬時値 $e(t)$, $i(t)$ のフェーザ表示（あるいはベクトル表示，複素表示）という．角周波数 ω を固定すると，瞬時値とフェーザ表示は，実効値と位相に関して同じ情報を持っている．

式 (2.28), (2.29) は，それぞれ

$$\frac{di}{dt} = \omega I_m \sin\left(\omega t + \varphi + \frac{\pi}{2}\right) \tag{2.37}$$

$$\int i\, dt = \frac{1}{\omega} I_m \sin\left(\omega t + \varphi - \frac{\pi}{2}\right) \tag{2.38}$$

と書けるので，$i(t)$ の微分と積分のフェーザ表示が

$$\frac{di}{dt} \leftrightarrow j\omega \dot{I} \tag{2.39}$$

$$\int i\, dt \leftrightarrow \frac{1}{j\omega} \dot{I} \tag{2.40}$$

であることが分かる．

2.3.3 記号的計算法

電流 $i_1(t) = \sqrt{2} I_{e1} \sin(\omega t + \varphi_1)$ と $i_2(t) = \sqrt{2} I_{e2} \sin(\omega t + \varphi_2)$ の和を $i_3(t)$ とすると

$$\begin{aligned} i_3(t) &= i_1(t) + i_2(t) = \sqrt{2} \{A \sin \omega t + B \cos \omega t\} \\ &= \sqrt{2} I_{e3} \sin(\omega t + \varphi_3) \end{aligned}$$

であり，角周波数 ω の正弦波である．ここで

$$A = I_{e1} \cos \varphi_1 + I_{e2} \cos \varphi_2, \quad B = I_{e1} \sin \varphi_1 + I_{e2} \sin \varphi_2$$
$$I_{e3} = \sqrt{A^2 + B^2}, \quad \tan \varphi_3 = \frac{B}{A}$$

である．一方，$i_1(t)$ と $i_2(t)$ のフェーザ表示を $\dot{I}_1$, $\dot{I}_2$ とすると $\dot{I}_1$ と $\dot{I}_2$ の和は

$$\dot{I}_1 + \dot{I}_2 = I_{e1} \varepsilon^{j\varphi_1} + I_{e2} \varepsilon^{j\varphi_2} = A + jB = I_{e3} \varepsilon^{j\varphi_3} \tag{2.41}$$

となり，$\dot{I}_1 + \dot{I}_2$ は $i_3 = i_1 + i_2$ のフェーザ表示に等しい．したがって，LRC 直列回路の方程式 (2.10) のフェーザ表示が

$$R\dot{I} + j\omega L \dot{I} + \frac{1}{j\omega C} \dot{I} = \dot{E} \tag{2.42}$$

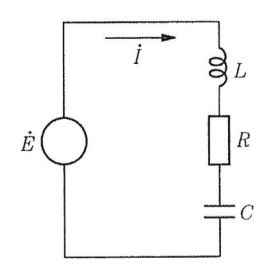

図 2.7 LRC 直列回路のフェーザ表示

となる．この式を $\dot{I}$ について整理すると

$$\left(R + j\omega L + \frac{1}{j\omega C}\right)\dot{I} = \dot{E} \tag{2.43}$$

となる．容易に分かるように

$$R + j\omega L + \frac{1}{j\omega C} = R + j\left(\omega L - \frac{1}{\omega C}\right) = Z\varepsilon^{j\theta} \tag{2.44}$$

であるので，再び式 (2.36) の関係を得る．複素数 $\dot{Z}$ を

$$\dot{Z} = Z\varepsilon^{j\theta} \tag{2.45}$$

とおけば，式 (2.36) よりオームの法則と同じ形の関係式

$$\dot{E} = \dot{Z}\dot{I} \tag{2.46}$$

を得る．この関係式は，LRC 直列回路だけでなく，一般の回路に対して成り立つ．複素数 $\dot{Z}$ は回路によって定まり，複素インピーダンスと呼ばれている．複素インピーダンスは直流回路における抵抗に対応し，その単位はオーム〔Ω〕である．

複素数 $\dot{Y}$ を

$$\dot{Y} = \frac{1}{\dot{Z}} \tag{2.47}$$

と定義すると，$\dot{E}$ と $\dot{I}$ の関係は

$$\dot{I} = \dot{Y}\dot{E} \tag{2.48}$$

と表される．このコンダクタンスに対応する複素数 $\dot{Y}$ を複素アドミタンスと呼び，その単位はジーメンス〔S〕である．

$$L\frac{di}{dt}+Ri+\frac{1}{C}\int idt=e(t) \quad \longrightarrow \quad j\omega L\dot{I}+R\dot{I}+\frac{1}{j\omega C}\dot{I}=\dot{E}$$

微分方程式 → 代数方程式

$$i(t)=\sqrt{2}I_e\sin(\omega t+\varphi) \quad \longleftarrow \quad \dot{I}=\frac{\dot{E}}{\dot{Z}}$$

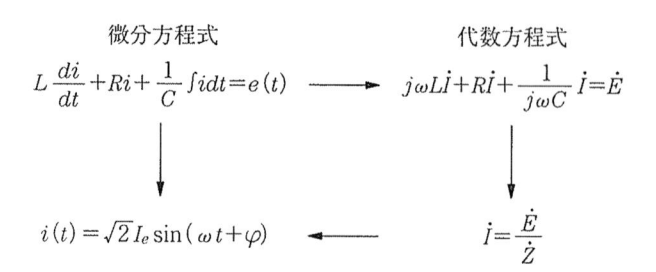

図 2.8 記号的計算法

複素インピーダンス $\dot{Z}$, 複素アドミタンス $\dot{Y}$ を

$$\dot{Z} = R_e + jX_e \tag{2.49}$$

$$\dot{Y} = G_e + jB_e \tag{2.50}$$

のように直交座標で表すとき，実部 R_e, G_e をそれぞれ抵抗分，コンダクタンス分という．また虚数部 X_e, B_e をそれぞれリアクタンス分，サセプタンス分という．

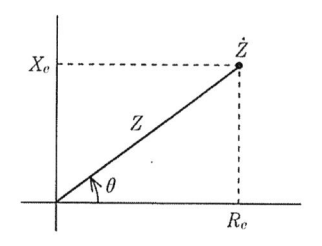

図 2.9 複素インピーダンス

2.3.4 電力

複素インピーダンス $\dot{Z}$ の回路において，$v(t)$ と $i(t)$ がそれぞれ式 (2.25), (2.26) のような正弦波交流で表されるとき，瞬時電力 $p(t)$ は式 (2.13) より

$$\begin{aligned} p(t) &= 2V_eI_e\sin(\omega t+\phi)\sin(\omega t+\varphi) \\ &= V_eI_e\cos(\phi-\varphi) - V_eI_e\cos(2\omega t+\phi+\varphi) \end{aligned} \tag{2.51}$$

である．$\dot{Z}$ の偏角を θ とすると，$\theta = \phi - \varphi$ であるので一周期の平均電力 P は

$$P = V_e I_e \cos\theta \tag{2.52}$$

である．P を有効電力または実効電力という．$V_e = ZI_e$ であり，$Z\cos\theta = R_e$ であるので有効電力 P は

$$P = R_e I_e^2 \tag{2.53}$$

と表される．また $I_e = YV_e$，$Y\cos\theta = G_e$ より，有効電力 P は

$$P = G_e V_e^2 \tag{2.54}$$

のようにも表される．$\cos\theta$ を力率，$P_a = V_e I_e$ を皮相電力という．皮相電力の単位にはボルトアンペア〔VA〕を用いる．

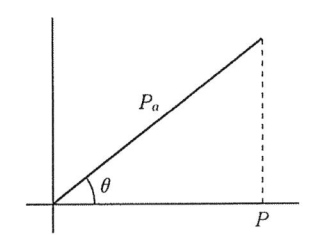

図 **2.10** 有効電力と皮相電力

2.3.5 共振回路

LRC 直列回路の複素インピーダンスは

$$\dot{Z} = R + j\left(\omega L - \frac{1}{\omega C}\right)$$

であり，角周波数 ω の関数であるので，角周波数 ω を 0 から ∞ まで変化させたとき

$$\omega L = \frac{1}{\omega C} \tag{2.55}$$

となる ω の値 ω_0 で純抵抗となり ($\dot{Z} = R$)，絶対値 $|\dot{Z}|$ は最小値をとる．このとき，回路を流れる電流の絶対値は最大となる．このように複素インピーダンスの絶対値が最小値をとることを直列共振という．また，ω_0 を共振角周波数という．

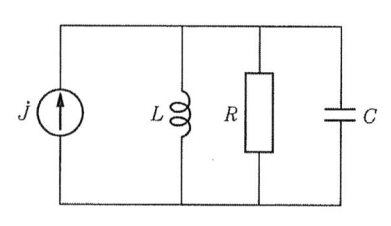

図 2.11 並列共振回路

図 2.11 の LRC 並列回路の複素アドミタンス $\dot{Y}$ は

$$\dot{Y} = G + j\left(\omega C - \frac{1}{\omega L}\right) \tag{2.56}$$

であり，$\omega = \omega_0$ で $\dot{Y} = G$ となり，絶対値 $|\dot{Y}|$ は最小値をとる．このとき，電圧の絶対値は最大となる．このように複素アドミタンスの絶対値が最小値をとることを並列共振という．

2.3.6 変 成 器

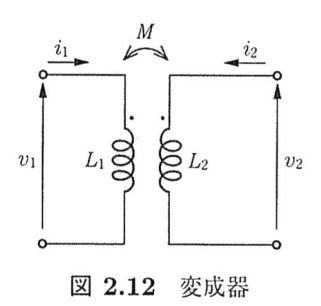

図 2.12 変成器

図 2.12 に示すように 2 個のコイルが近接して置かれているとき，電磁誘導によって

$$\left.\begin{array}{rcl} v_1(t) &=& L_1 \dfrac{di_1}{dt} + M \dfrac{di_2}{dt} \\ v_2(t) &=& M \dfrac{di_1}{dt} + L_2 \dfrac{di_2}{dt} \end{array}\right\} \tag{2.57}$$

なる関係がなりたつ．このような 4 つの端子を持つ素子を変成器 (変圧器) といい，M を相互インダクタンスという．L_1，L_2 と M の間には

$$L_1 L_2 \geq M^2 \tag{2.58}$$

なる関係がなりたつ．図 2.12 における記号・はコイルの極性を表すもので，図 2.12 のように電圧，電流をとると式 (2.57) が成り立つことを意味する．

なお交流の場合，変成器の基本式 (2.57) は

$$\left.\begin{array}{rcl} \dot{V}_1 &=& j\omega L_1 \dot{I}_1 + j\omega M \dot{I}_2 \\ \dot{V}_2 &=& j\omega M \dot{I}_1 + j\omega L_2 \dot{I}_2 \end{array}\right\} \tag{2.59}$$

となる．

2.4 回路に関する諸定理

2.4.1 キルヒホッフの法則

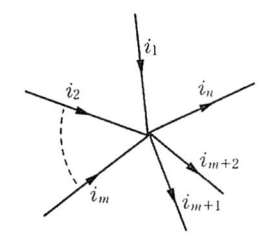

図 2.13 電流則

図 2.13 のようにある 1 つの節点に，m 個の電流 $i_1, i_2, \cdots, i_m$ が流入し，$n-m$ 個の電流 $i_{m+1}, i_{m+2}, \cdots, i_n$ が流出しているとき

$$i_1 + i_2 + \cdots + i_m = i_{m+1} + i_{m+2} + \cdots + i_n, \quad i_k > 0 \tag{2.60}$$

が成り立つ．これをキルヒホッフの第一法則 (あるいは電流則) という．流入する電流の符号を正，流出する電流の符号を負とすると，第一法則は「1 つの節点に流入する電流の代数和は，0 である」と言え

$$\sum_{k=1}^{n} i_k = 0 \tag{2.61}$$

と書ける．

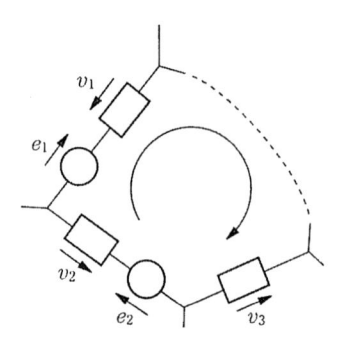

図 2.14 電圧則

図 2.14 のようにある 1 つの閉路において，起電力 $e_1, e_2, \cdots, e_m$ の代数和と電圧降下 $v_1, v_2, \cdots, v_n$ の代数和は等しい．これをキルヒホッフの第二法則（あるいは電圧則）という．

$$e_1 + e_2 + \cdots + e_m = v_1 + v_2 + \cdots + v_n \tag{2.62}$$

ただし，図 2.14 のように向きを考えたとき，起電力と電圧降下の符号は正であると定める．

2.4.2 回路の方程式のたて方

図 2.15 の回路を例として回路の方程式のたて方を考えよう．

(1) 電流 $\dot{I}_1, \dot{I}_2, \dot{I}_3$ についての方程式

$$\left. \begin{array}{rcl} \dot{Z}_1 \dot{I}_1 + \dot{Z}_3 \dot{I}_3 &=& \dot{E}_1 \\ \dot{Z}_2 \dot{I}_2 + \dot{Z}_3 \dot{I}_3 &=& \dot{E}_2 \\ \dot{I}_1 + \dot{I}_2 - \dot{I}_3 &=& 0 \end{array} \right\} \tag{2.63}$$

(2) 閉路電流 $\dot{I}_{\ell 1}, \dot{I}_{\ell 2}$ についての方程式

$$\left. \begin{array}{rcl} (\dot{Z}_1 + \dot{Z}_3)\dot{I}_{\ell 1} + \dot{Z}_3 \dot{I}_{\ell 2} &=& \dot{E}_1 \\ \dot{Z}_3 \dot{I}_{\ell 1} + (\dot{Z}_2 + \dot{Z}_3)\dot{I}_{\ell 2} &=& \dot{E}_2 \end{array} \right\} \tag{2.64}$$

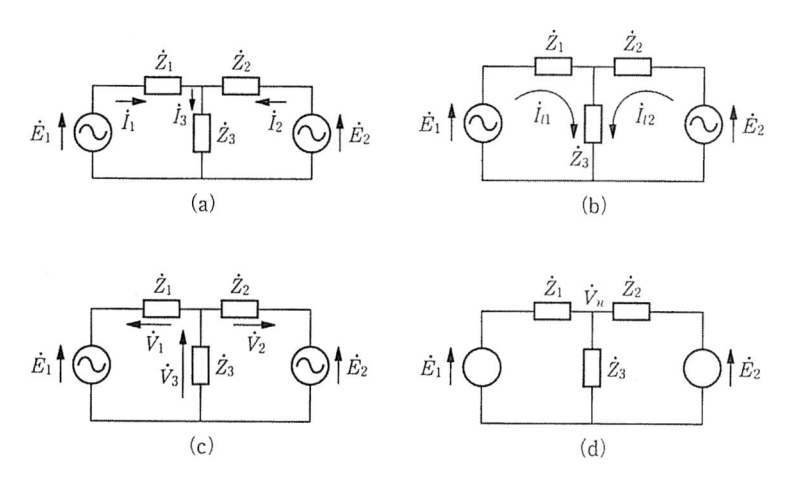

図 2.15 例題 1

(3) 電圧降下 $\dot{V}_1$, $\dot{V}_2$, $\dot{V}_3$ についての方程式

$$\left.\begin{array}{rcl}\dot{V}_1 - \dot{V}_2 &=& \dot{E}_1 - \dot{E}_2 \\ \dot{V}_1 + \dot{V}_3 &=& \dot{E}_1 \\ \dot{Y}_1\dot{V}_1 + \dot{Y}_2\dot{V}_2 - \dot{Y}_3\dot{V}_3 &=& 0\end{array}\right\} \quad (2.65)$$

(4) 節点電位 $\dot{V}_n$ についての方程式

$$(\dot{Y}_1 + \dot{Y}_2 + \dot{Y}_3)\dot{V}_n = \dot{E}_1\dot{Y}_1 + \dot{E}_2\dot{Y}_2 \quad (2.66)$$

2.4.3 重ね合わせの理

式 (2.64) を $\dot{I}_{\ell 1}$, $\dot{I}_{\ell 2}$ について解くと

$$\dot{I}_{\ell 1} = \frac{1}{\Delta}[(\dot{Z}_2 + \dot{Z}_3)\dot{E}_1 - \dot{Z}_3\dot{E}_2] = \dot{I}'_{\ell 1} + \dot{I}''_{\ell 1}$$

$$\dot{I}_{\ell 2} = \frac{1}{\Delta}[-\dot{Z}_3\dot{E}_1 + (\dot{Z}_1 + \dot{Z}_3)\dot{E}_2] = \dot{I}'_{\ell 2} + \dot{I}''_{\ell 2}$$

である．ただし，$\Delta = \dot{Z}_1\dot{Z}_2 + \dot{Z}_2\dot{Z}_3 + \dot{Z}_3\dot{Z}_1$ であり

$$\dot{I}'_{\ell 1} = \frac{1}{\Delta}(\dot{Z}_2 + \dot{Z}_3)\dot{E}_1, \quad \dot{I}''_{\ell 1} = -\frac{1}{\Delta}\dot{Z}_3\dot{E}_2$$

$$\dot{I}'_{\ell 2} = -\frac{1}{\Delta}\dot{Z}_3\dot{E}_1, \qquad \dot{I}''_{\ell 2} = \frac{1}{\Delta}(\dot{Z}_1 + \dot{Z}_3)\dot{E}_2$$

である.この式は,まず電圧源 $\dot{E}_2$ を短絡して ($\dot{E}_2 = 0$ として),方程式 (2.64) の解 $\dot{I}'_{\ell 1}$, $\dot{I}'_{\ell 2}$ を求め,次に電圧源 $\dot{E}_1$ を短絡して ($\dot{E}_1 = 0$ として),方程式 (2.64) の解 $\dot{I}''_{\ell 1}$, $\dot{I}''_{\ell 2}$ を求めると,2つの電圧源があるときの解が,それぞれの解の和として得られることを示している.これを重ね合わせの理という.

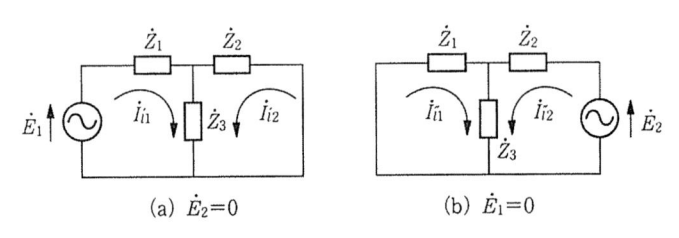

図 2.16 重ね合わせの理

2.4.4 テブナンの定理

図 2.17(a) において,電流 $\dot{I}$ は前節の結果から

$$\dot{I} = \frac{\dot{Z}_3 \dot{E}}{\dot{Z}_1 \dot{Z}_2 + \dot{Z}_2 \dot{Z}_3 + \dot{Z}_3 \dot{Z}_1} \tag{2.67}$$

である.この式は,$\dot{V}_o$ および $\dot{Z}_o$ を

$$\dot{V}_o = \frac{\dot{Z}_3}{\dot{Z}_1 + \dot{Z}_3} \dot{E}, \quad \dot{Z}_o = \frac{\dot{Z}_1 \dot{Z}_3}{\dot{Z}_1 + \dot{Z}_3} \tag{2.68}$$

と置くと,以下のように書ける.

$$\dot{I} = \frac{\dot{V}_o}{\dot{Z}_o + \dot{Z}_2} \tag{2.69}$$

この式は,図 2.17(b) の端子 a-b に $\dot{Z}_2$ を接続したときに流れる電流 $\dot{I}$ が,図 2.17 の開放端子電圧 $\dot{V}_o$ と,内部インピーダンス (電源 $\dot{E}$ を短絡したときに端子 a-b から見たインピーダンス)$\dot{Z}_o$ によって表されることを示している.言いかえると,図 2.17 の電流 $\dot{I}$ は,図 2.18 の電源に負荷 $\dot{Z}_2$ を接続したときに流れる電流に等しい.このことは一般の電源を含む回路について成り立ち,テブナンの定理 (等価電圧源の定理) と呼ばれている.

(a)　　　　　　　　　(b)

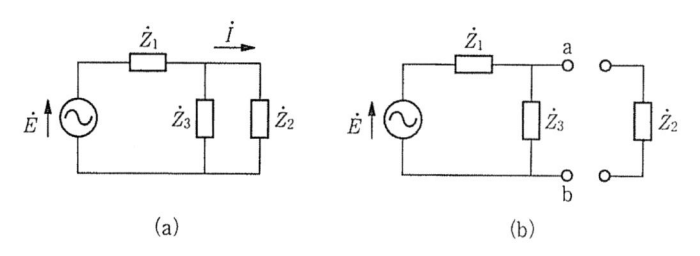

図 **2.17**　テブナン

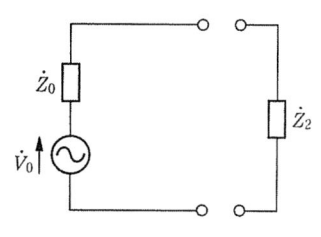

図 **2.18**　等価電圧源

2.4.5　供給電力最大の法則

図 2.19 において負荷 $\dot{Z}$ に供給される電力 P は，$\dot{Z}_0 = R_0+jX_0$，$\dot{Z} = R+jX$ とすると

$$P = R|\dot{I}|^2 = R\left|\frac{\dot{E}_0}{\dot{Z}_0 + \dot{Z}}\right|^2 = \frac{R|\dot{E}_0|^2}{(R_0 + R)^2 + (X_0 + X)^2} \qquad (2.70)$$

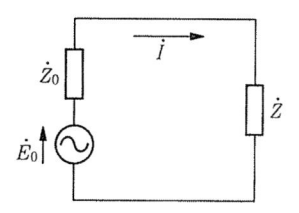

図 **2.19**　供給電力最大

である．$\dot{Z}$ すなわち R, X が可変の時に，P を最大にする R および X を求めよう．X については $X_0 + X = 0$ すなわち $X = -X_0$ の時に P は最大値

$$P'_{max} = \frac{R|\dot{E}_0|^2}{(R_0 + R)^2} \tag{2.71}$$

をとる．この P'_{max} を最大にする R の値は $R = R_0$ であり，したがって

$$R = R_0, \quad X = -X_0 \tag{2.72}$$

すなわち，$\dot{Z}_0$ の共役複素数を $\dot{Z}_0^* = R_0 - jX_0$ とすると

$$\dot{Z} = \dot{Z}_0^* \tag{2.73}$$

のときに，P は最大となり，その最大値は

$$P_{max} = \frac{|\dot{E}_0|^2}{4R_0} \tag{2.74}$$

である．このことを供給電力最大の法則という．P_{max} は電源から取り出せる最大の電力であり，固有電力と呼ばれる．式 (2.73) が成り立つとき電源と負荷は整合しているといわれる．

2.5　2 端子対回路

電気回路を取り扱うとき，回路の内部構造を問題にせずに図 2.20 のように，入力端子対と出力端子対を持つ 2 端子対回路の形で考えると便利なことが多い．

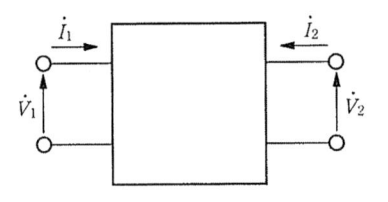

図 2.20　2 端子対回路

2.5.1 インピーダンス行列

電圧 $\dot{V}_1$, $\dot{V}_2$ と電流 $\dot{I}_1$, $\dot{I}_2$ の間に

$$\left.\begin{array}{l} \dot{V}_1 = \dot{z}_{11}\dot{I}_1 + \dot{z}_{12}\dot{I}_2 \\ \dot{V}_2 = \dot{z}_{21}\dot{I}_1 + \dot{z}_{22}\dot{I}_2 \end{array}\right\} \tag{2.75}$$

という関係がなりたつとする．このとき，行列

$$\begin{bmatrix} \dot{z}_{11} & \dot{z}_{12} \\ \dot{z}_{21} & \dot{z}_{22} \end{bmatrix} \tag{2.76}$$

をインピーダンス行列 (Z 行列)，$\dot{z}_{11}$, $\dot{z}_{12}$, $\dot{z}_{21}$, $\dot{z}_{22}$ をインピーダンスパラメータという．2 端子対回路が R, L, C のみから成るならば，$\dot{z}_{12} = \dot{z}_{21}$ のように相反性が成り立ち，独立なインピーダンスパラメータの数は 3 個となる．$\dot{z}_{11}$ および $\dot{z}_{22}$ は，それぞれ出力端子対，入力端子対を開放したときのインピーダンス

$$\dot{z}_{11} = \left.\frac{\dot{V}_1}{\dot{I}_1}\right|_{\dot{I}_2=0}, \quad \dot{z}_{22} = \left.\frac{\dot{V}_2}{\dot{I}_2}\right|_{\dot{I}_1=0} \tag{2.77}$$

であるので，開放駆動点インピーダンスと呼ばれている．また，$\dot{z}_{12}$ は入力端子を開放したときの伝達インピーダンス

$$\dot{z}_{12} = \left.\frac{\dot{V}_1}{\dot{I}_2}\right|_{\dot{I}_1=0} \tag{2.78}$$

であるので，開放伝達インピーダンスと呼ばれている．なお，$\dot{z}_{11} = \dot{z}_{22}$ ならば，2 端子対回路は対称であるという．

2.5.2 アドミタンス行列

電流 $\dot{I}_1$, $\dot{I}_2$ と電圧 $\dot{V}_1$, $\dot{V}_2$ の間に

$$\left.\begin{array}{l} \dot{I}_1 = \dot{y}_{11}\dot{V}_1 + \dot{y}_{12}\dot{V}_2 \\ \dot{I}_2 = \dot{y}_{21}\dot{V}_1 + \dot{y}_{22}\dot{V}_2 \end{array}\right\} \tag{2.79}$$

という関係が成り立つとする．このとき，行列

$$\begin{bmatrix} \dot{y}_{11} & \dot{y}_{12} \\ \dot{y}_{21} & \dot{y}_{22} \end{bmatrix} \tag{2.80}$$

をアドミタンス行列 (Y 行列), $\dot{y}_{11}, \dot{y}_{12}, \dot{y}_{21}, \dot{y}_{22}$ をアドミタンスパラメータという. 2 端子対回路が R, L, C のみから成るならば, $\dot{y}_{12} = \dot{y}_{21}$ のように相反性が成り立ち, 独立なアドミタンスパラメータの数は 3 個となる. $\dot{y}_{11}$ および $\dot{y}_{22}$ は, それぞれ出力端子対, 入力端子対を短絡したときのアドミタンス

$$\dot{y}_{11} = \left.\frac{\dot{I}_1}{\dot{V}_1}\right|_{\dot{V}_2=0}, \quad \dot{y}_{22} = \left.\frac{\dot{I}_2}{\dot{V}_2}\right|_{\dot{V}_1=0} \tag{2.81}$$

であるので, 短絡駆動点アドミタンスと呼ばれている. また, $\dot{y}_{12}$ は入力端子を短絡したときの伝達アドミタンス

$$\dot{y}_{12} = \left.\frac{\dot{I}_1}{\dot{V}_2}\right|_{\dot{V}_1=0} \tag{2.82}$$

であるので, 短絡伝達アドミタンスと呼ばれている. なお, $\dot{y}_{11} = \dot{y}_{22}$ ならば, 2 端子対回路は対称であるという.

2.5.3 ハイブリッド行列

$\dot{V}_1$, $\dot{I}_2$ と $\dot{I}_1$, $\dot{V}_2$ の間に

$$\left.\begin{array}{l}\dot{V}_1 = \dot{h}_{11}\dot{I}_1 + \dot{h}_{12}\dot{V}_2 \\ \dot{I}_2 = \dot{h}_{21}\dot{I}_1 + \dot{h}_{22}\dot{V}_2\end{array}\right\} \tag{2.83}$$

という関係が成り立つとする. このとき, 行列

$$\begin{bmatrix} \dot{h}_{11} & \dot{h}_{12} \\ \dot{h}_{21} & \dot{h}_{22} \end{bmatrix} \tag{2.84}$$

をハイブリッド行列 (H 行列), $\dot{h}_{11}, \dot{h}_{12}, \dot{h}_{21}, \dot{h}_{22}$ を h パラメータ (ハイブリッドパラメータ) という. h パラメータはトランジスタの特性を表すのによく用いられている.

2.5.4 縦続行列

入力側の電圧, 電流 $\dot{V}_1$, $\dot{I}_1$ と出力側の電圧, 電流 $\dot{V}_2$, $\dot{I}_2$ の間に

$$\left.\begin{array}{l}\dot{V}_1 = \dot{A}\dot{V}_2 - \dot{B}\dot{I}_2 \\ \dot{I}_1 = \dot{C}\dot{V}_2 - \dot{D}\dot{I}_2\end{array}\right\} \tag{2.85}$$

という関係が成り立つとする．このとき，行列

$$\begin{bmatrix} \dot{A} & \dot{B} \\ \dot{C} & \dot{D} \end{bmatrix} \tag{2.86}$$

を縦続行列 (F 行列)，$\dot{A}$, $\dot{B}$, $\dot{C}$, $\dot{D}$ を 4 端子定数という．

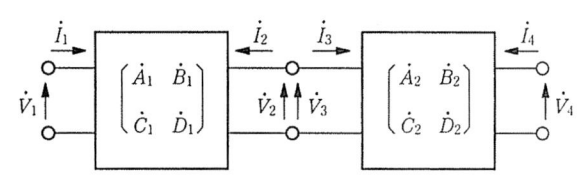

図 2.21 縦続接続

図 2.21 のように 2 端子対回路を縦続接続する場合

$$\left.\begin{aligned} \dot{V}_1 &= \dot{A}_1 \dot{V}_2 - \dot{B}_1 \dot{I}_2 \\ \dot{I}_1 &= \dot{C}_1 \dot{V}_2 - \dot{D}_1 \dot{I}_2 \end{aligned}\right\}, \quad \left.\begin{aligned} \dot{V}_3 &= \dot{A}_2 \dot{V}_4 - \dot{B}_2 \dot{I}_4 \\ \dot{I}_3 &= \dot{C}_2 \dot{V}_4 - \dot{D}_2 \dot{I}_4 \end{aligned}\right\} \tag{2.87}$$

であり，$\dot{V}_3 = \dot{V}_2$ および $\dot{I}_3 = -\dot{I}_2$ であるので

$$\left.\begin{aligned} \dot{V}_1 &= (\dot{A}_1 \dot{A}_2 + \dot{B}_1 \dot{C}_2) \dot{V}_4 - (\dot{A}_1 \dot{B}_2 + \dot{B}_1 \dot{D}_2) \dot{I}_4 \\ \dot{I}_1 &= (\dot{C}_1 \dot{A}_2 + \dot{D}_1 \dot{C}_2) \dot{V}_4 - (\dot{D}_1 \dot{B}_2 + \dot{D}_1 \dot{D}_2) \dot{I}_4 \end{aligned}\right\} \tag{2.88}$$

を得る．これから縦続接続したときの縦続行列が

$$\begin{bmatrix} \dot{A}_1 \dot{A}_2 + \dot{B}_1 \dot{C}_2 & \dot{A}_1 \dot{B}_2 + \dot{B}_1 \dot{D}_2 \\ \dot{C}_1 \dot{A}_2 + \dot{D}_1 \dot{C}_2 & \dot{D}_1 \dot{B}_2 + \dot{D}_1 \dot{D}_2 \end{bmatrix} = \begin{bmatrix} \dot{A}_1 & \dot{B}_1 \\ \dot{C}_1 & \dot{D}_1 \end{bmatrix} \begin{bmatrix} \dot{A}_2 & \dot{B}_2 \\ \dot{C}_2 & \dot{D}_2 \end{bmatrix} \tag{2.89}$$

のように，それぞれの縦続行列の積で与えられることがわかる．

2.6 3 相 交 流 回 路

3 相交流回路は，周波数は等しいが位相が異なる 3 個の起電力からなる電源 (3 相電源) と，負荷からなる回路である．このように 3 相電源を用いる方式を，3 相方式といい，大電力の発生，輸送 (送電，配電) に用いられている．

2.6.1 3相電源

3相起電力は

$$\left.\begin{array}{rcl} e_a(t) &=& E_m \sin \omega t \\ e_b(t) &=& E_m \sin\left(\omega t - \frac{2\pi}{3}\right) \\ e_c(t) &=& E_m \sin\left(\omega t - \frac{4\pi}{3}\right) \end{array}\right\} \quad (2.90)$$

で与えられる．このように大きさが等しく，位相が $2\pi/3$ ずつずれた3相起電力を対称3相起電力という．また，$e_a(t)$, $e_b(t)$, $e_c(t)$ をそれぞれa相，b相，c相

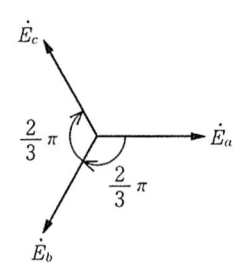

図 2.22 対称3相起電力

の起電力と呼ぶ．フェーザ表示では，対称3相起電力は

$$\dot{E}_a = E_e, \quad \dot{E}_b = E_e \varepsilon^{-j\frac{2\pi}{3}}, \quad \dot{E}_c = E_e \varepsilon^{-j\frac{4\pi}{3}} \quad (2.91)$$

である．ここで，E_e は実効値である．

3相起電力を接続して，3相電源を構成する結線法に，Y結線(星形結線)と△結線(環状結線)の2つがある．

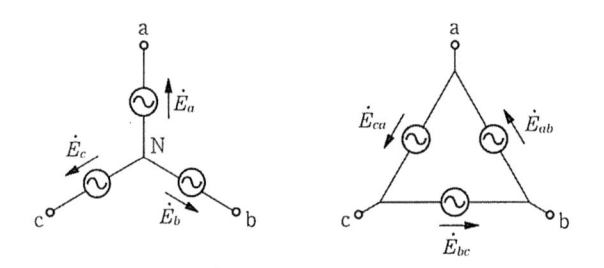

図 2.23 Y結線と△結線

なお，3相負荷回路に対しても同様に，Y結線と△結線の2つの結線法がある．Y結線における点N, N'を中性点という．各相の電圧，電流をそれぞれ相電

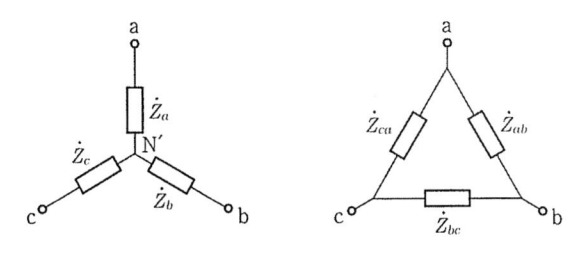

図 2.24 負荷の結線

圧，相電流といい，電源と負荷を結ぶ線路を流れる電流を線電流，線路間の電圧を線間電圧という．

2.6.2 対称3相回路

各相の負荷が相等しい3相負荷を平衡負荷といい，対称3相電源に平衡3相負荷が接続された回路を，対称3相回路(あるいは平衡3相回路)という．電源と負荷の組み合わせによりY-Y, Y-△, △-Y, △-△の4種の回路がある．まず，図2.25のような対称Y-Y回路を考えると，キルヒホッフの法則より

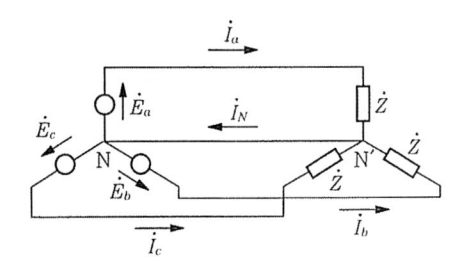

図 2.25 対称Y-Y回路

$$\dot{Z}\dot{I}_a = \dot{E}_a, \quad \dot{Z}\dot{I}_b = \dot{E}_b, \quad \dot{Z}\dot{I}_c = \dot{E}_c \tag{2.92}$$

であり，対称電源であることから

$$\dot{I}_a = \frac{E_e}{\dot{Z}}, \quad \dot{I}_b = \frac{E_e}{\dot{Z}}\varepsilon^{-j\frac{2\pi}{3}}, \quad \dot{I}_c = \frac{E_e}{\dot{Z}}\varepsilon^{-j\frac{4\pi}{3}} \tag{2.93}$$

のように電流も大きさが等しく，位相が $2\pi/3$ ずつずれた対称3相電流となる．したがって，対称 Y-Y 回路の場合，図 2.26 のような回路について電流 $\dot{I}_a$ を求めれば，他の電流 $\dot{I}_b$, $\dot{I}_c$ は直ちに求められる．中性点 N, N′ を結ぶ線を中性線とい

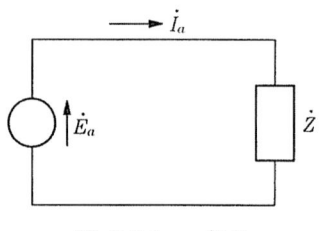

図 2.26　a 相分

うが，中性線を流れる電流 $\dot{I}_N$ はキルヒホッフの法則より

$$\dot{I}_N = \dot{I}_a + \dot{I}_b + \dot{I}_c = 0 \tag{2.94}$$

であるので，N と N′ は同電位である．このことは中性線があってもなくても電流 $\dot{I}_a$, $\dot{I}_b$, $\dot{I}_c$ に変化はないことを意味している．

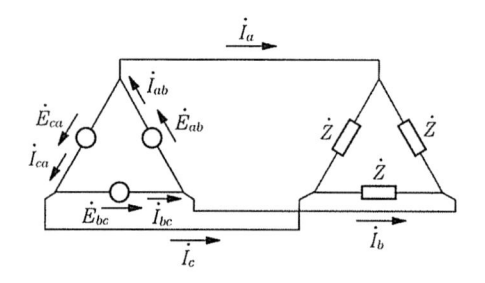

図 2.27　対称 △-△ 回路

次に図 2.27 のような対称 △-△ 回路を考えると，キルヒホッフの法則より

$$\dot{Z}\dot{I}_{ab} = \dot{E}_{ab}, \quad \dot{Z}\dot{I}_{bc} = \dot{E}_{bc}, \quad \dot{Z}\dot{I}_{ca} = \dot{E}_{ca} \tag{2.95}$$

であり，対称電源であることから

$$\dot{I}_{ab} = \frac{E_e}{\dot{Z}}, \quad \dot{I}_{bc} = \frac{E_e}{\dot{Z}}\varepsilon^{-j\frac{2\pi}{3}}, \quad \dot{I}_{ca} = \frac{E_e}{\dot{Z}}\varepsilon^{-j\frac{4\pi}{3}} \tag{2.96}$$

のように電流も大きさが等しく，位相が $2\pi/3$ ずつずれた対称 3 相電流となる．したがって，対称 Δ-Δ 回路の場合，図 2.28 のような回路について相電流 $\dot{I}_{ab}$ を求めれば，他の相電流 $\dot{I}_{bc}$, $\dot{I}_{ca}$ は直ちに求められる．また，線電流 $\dot{I}_a$, $\dot{I}_b$, $\dot{I}_c$ はキ

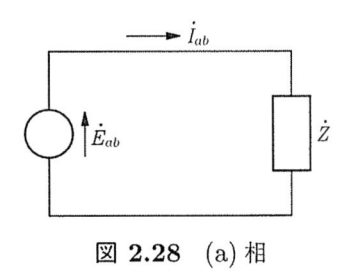

図 2.28 (a) 相

ルヒホッフの法則と式 (2.96) より

$$\left.\begin{array}{l}\dot{I}_a = \dot{I}_{ab} - \dot{I}_{ca} = (1 - \varepsilon^{-j\frac{2\pi}{3}})\dot{I}_{ab} \\ \dot{I}_b = \dot{I}_{bc} - \dot{I}_{ab} = (\varepsilon^{-j\frac{4\pi}{3}} - 1)\dot{I}_{ab} = \varepsilon^{-j\frac{4\pi}{3}}(1 - \varepsilon^{-j\frac{2\pi}{3}})\dot{I}_{ab} \\ \dot{I}_c = \dot{I}_{ca} - \dot{I}_{bc} = (\varepsilon^{-j\frac{2\pi}{3}} - \varepsilon^{-j\frac{4\pi}{3}})\dot{I}_{ab} = \varepsilon^{-j\frac{2\pi}{3}}(1 - \varepsilon^{-j\frac{2\pi}{3}})\dot{I}_{ab}\end{array}\right\}$$
(2.97)

であるので，対称電流であり $\dot{I}_{ab}$ から直ちに求められる．

対称 Y-Δ 回路，対称 Δ-Y 回路はそれぞれ次節で述べる Y-Δ 変換によって Y-Y 回路，Δ-Δ 回路に変換すれば良い．

対称 3 相回路の瞬時電力は一定であることを示そう．相電圧の瞬時値を

$$e_a(t) = \sqrt{2}E_e \sin\omega t, \quad e_b(t) = \sqrt{2}E_e \sin\left(\omega t - \frac{2\pi}{3}\right),$$
$$e_c(t) = \sqrt{2}E_e \sin\left(\omega t - \frac{4\pi}{3}\right)$$

とし，$\dot{Z}$ の偏角を θ とすると，相電流の瞬時値は

$$i_a(t) = \sqrt{2}I_e \sin(\omega t - \theta), \quad i_b(t) = \sqrt{2}I_e \sin\left(\omega t - \frac{2\pi}{3} - \theta\right),$$
$$i_c(t) = \sqrt{2}I_e \sin\left(\omega t - \frac{4\pi}{3} - \theta\right)$$

であるので，式 (2.51) より各相の瞬時電力は

$$
\left.\begin{array}{rcl}
p_a(t) &=& E_e I_e \cos\theta - E_e I_e \cos(2\omega t - \theta) \\
p_b(t) &=& E_e I_e \cos\theta - E_e I_e \cos\left(2\omega t - \dfrac{4\pi}{3} - \theta\right) \\
p_c(t) &=& E_e I_e \cos\theta - E_e I_e \cos\left(2\omega t - \dfrac{8\pi}{3} - \theta\right)
\end{array}\right\} \tag{2.98}
$$

である．したがって，3 相電力の瞬時値 $p(t)$ は

$$p(t) = p_a(t) + p_b(t) + p_c(t) = 3 E_e I_e \cos\theta \tag{2.99}$$

となり，時間に無関係に一定不変であることおよび平均電力に等しいことがわかる．

2.6.3　Y-Δ 変換

図 2.24 における負荷の Y 結線と Δ 結線の間の等価変換を考える．Δ 結線において端子 a,b から見た合成インピーダンスは

$$\frac{\dot{Z}_{ab}(\dot{Z}_{bc} + \dot{Z}_{ca})}{\dot{Z}_{ab} + \dot{Z}_{bc} + \dot{Z}_{ca}}$$

である．一方，Y 結線における端子 a,b から見た合成インピーダンスは $\dot{Z}_a + \dot{Z}_b$ であるので，端子から見たインピーダンスが等しいという等価の条件から

$$\dot{Z}_a + \dot{Z}_b = \frac{\dot{Z}_{ab}(\dot{Z}_{bc} + \dot{Z}_{ca})}{\dot{Z}_{ab} + \dot{Z}_{bc} + \dot{Z}_{ca}} \tag{2.100}$$

という関係を得る．同様にして

$$
\left.\begin{array}{l}
\dot{Z}_b + \dot{Z}_c = \dfrac{\dot{Z}_{bc}(\dot{Z}_{ca} + \dot{Z}_{ab})}{\dot{Z}_{ab} + \dot{Z}_{bc} + \dot{Z}_{ca}} \\
\dot{Z}_c + \dot{Z}_a = \dfrac{\dot{Z}_{ca}(\dot{Z}_{ab} + \dot{Z}_{bc})}{\dot{Z}_{ab} + \dot{Z}_{bc} + \dot{Z}_{ca}}
\end{array}\right\} \tag{2.101}
$$

を得るので，これらを $\dot{Z}_a$, $\dot{Z}_b$, $\dot{Z}_c$ について解くと Y 結線から △ 結線への変換公式

$$\left.\begin{array}{rcl}\dot{Z}_a & = & \dfrac{\dot{Z}_{ca}\dot{Z}_{ab}}{\dot{Z}_{ab}+\dot{Z}_{bc}+\dot{Z}_{ca}} \\[6pt] \dot{Z}_b & = & \dfrac{\dot{Z}_{ab}\dot{Z}_{bc}}{\dot{Z}_{ab}+\dot{Z}_{bc}+\dot{Z}_{ca}} \\[6pt] \dot{Z}_c & = & \dfrac{\dot{Z}_{bc}\dot{Z}_{ca}}{\dot{Z}_{ab}+\dot{Z}_{bc}+\dot{Z}_{ca}}\end{array}\right\} \tag{2.102}$$

を得る．逆に $\dot{Z}_{ab}$, $\dot{Z}_{bc}$, $\dot{Z}_{ca}$ について解けば △ 結線から Y 結線への変換公式を得る．

2.6.4 非対称 3 相回路

電源か負荷のいずれかが非対称である 3 相回路を非対称 3 相回路という．△-△ 結線の場合は，対称の場合と同様に

$$\dot{Z}_{ab}\dot{I}_{ab} = \dot{E}_{ab}, \quad \dot{Z}_{bc}\dot{I}_{bc} = \dot{E}_{bc}, \quad \dot{Z}_{ca}\dot{I}_{ca} = \dot{E}_{ca} \tag{2.103}$$

であり

$$\dot{I}_a = \dot{I}_{ab} - \dot{I}_{ca}, \quad \dot{I}_b = \dot{I}_{bc} - \dot{I}_{ab}, \quad \dot{I}_c = \dot{I}_{ca} - \dot{I}_{bc} \tag{2.104}$$

であるので，これらを解けばよい．

図 2.29 の Y-Y 結線の場合を考える．中性点 N の電位を 0, 中性点 N′ の電位

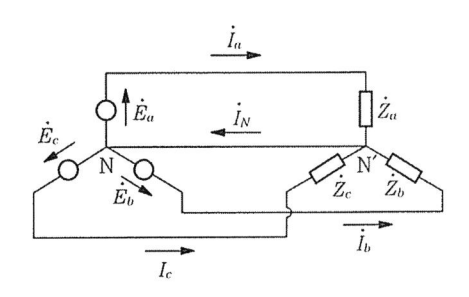

図 2.29 Y-Y 結線

を V_N とすると

$$\dot{I}_a = \frac{\dot{E}_a - \dot{V}_N}{\dot{Z}_a} \qquad \dot{I}_b = \frac{\dot{E}_b - \dot{V}_N}{\dot{Z}_b} \\ \dot{I}_c = \frac{\dot{E}_c - \dot{V}_N}{\dot{Z}_c} \qquad \dot{I}_N = \frac{\dot{V}_N}{\dot{Z}_N} \Biggr\} \quad (2.105)$$

であり，中性点 N′ についてのキルヒホッフの法則から $\dot{I}_a + \dot{I}_b + \dot{I}_c - \dot{I}_N = 0$ であることより

$$\frac{\dot{E}_a}{\dot{Z}_a} + \frac{\dot{E}_b}{\dot{Z}_b} + \frac{\dot{E}_c}{\dot{Z}_c} - \dot{V}_N \left(\frac{1}{\dot{Z}_a} + \frac{1}{\dot{Z}_b} + \frac{1}{\dot{Z}_c} + \frac{1}{\dot{Z}_N} \right) = 0 \quad (2.106)$$

を得る．よって $\dot{V}_N$ が

$$\dot{V}_N = \frac{\dfrac{\dot{E}_a}{\dot{Z}_a} + \dfrac{\dot{E}_b}{\dot{Z}_b} + \dfrac{\dot{E}_c}{\dot{Z}_c}}{\dfrac{1}{\dot{Z}_a} + \dfrac{1}{\dot{Z}_b} + \dfrac{1}{\dot{Z}_c} + \dfrac{1}{\dot{Z}_N}} \quad (2.107)$$

のように求まり，これを式 (2.105) に代入することにより電流 $\dot{I}_a$ などが求められる．なお，式 (2.107) において $\dot{Z}_N = \infty$ とすれば中性線がない場合の $\dot{V}_N$ の式

$$\dot{V}_N = \frac{\dfrac{\dot{E}_a}{\dot{Z}_a} + \dfrac{\dot{E}_b}{\dot{Z}_b} + \dfrac{\dot{E}_c}{\dot{Z}_c}}{\dfrac{1}{\dot{Z}_a} + \dfrac{1}{\dot{Z}_b} + \dfrac{1}{\dot{Z}_c}} \quad (2.108)$$

が得られる．

2.7 過渡現象

これまでは，回路の定常状態，すなわちスイッチが入ったり切ったりされて，十分時間が経った後の状態を取り扱ってきた．定常状態にいたるまでの過渡的な状態を過渡状態といい，過渡状態での回路の現象を過渡現象いう．過渡現象を調べることは，数学的には微分方程式の初期値問題を解くことに他ならない．ここでは，直流電源をもち，1 階あるいは 2 階の定係数線形微分方程式で記述される回路の過渡現象を考える．

2.7.1 RL 直列回路

図 2.30 に示すような回路において，$t=0$ でスイッチを入れた後の現象は次の 1 階の微分方程式で表される．

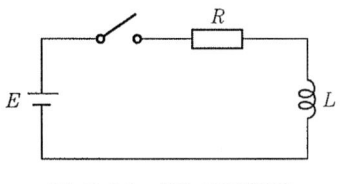

図 2.30 RL 直列回路

$$L\frac{di}{dt} + Ri = E, \quad i(0) = 0 \tag{2.109}$$

ここで，$i(0) = 0$ が初期条件である．λ を $L\lambda + R = 0$ の解とすると，通常 $R > 0$，$L > 0$ であるから $\lambda = -R/L$ は負である．このとき，微分方程式論によれば，式 (2.109) の解は

$$i(t) = i_s + A\varepsilon^{\lambda t} \tag{2.110}$$

の形に表される．初期条件を考慮すると $i(0) = i_s + A = 0$ より

$$i(t) = i_s(1 - \varepsilon^{\lambda t}) \tag{2.111}$$

を得る．$t \to \infty$ のとき $\varepsilon^{\lambda t} \to 0$ であるので，i_s は定常状態での解であり $di_s/dt = 0$ より

$$i_s = \frac{E}{R} \tag{2.112}$$

である．以上より，式 (2.109) の解 $i(t)$ は

$$i(t) = \frac{E}{R}(1 - \varepsilon^{\lambda t}) \tag{2.113}$$

となる．

2.7.2 時定数

式 (2.113) の電流 $i(t)$ を図示すると，図 2.31 のようになる．$t = 0$ で接線を引

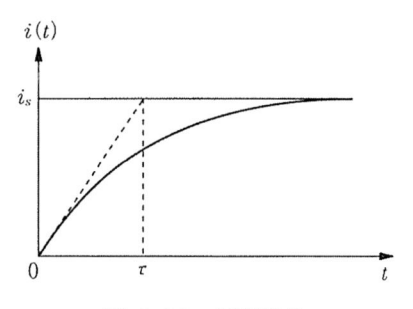

図 2.31 過渡現象

き，これが $i(t) = i_s$ と交わる時刻を τ とする．この τ は 1 階の微分方程式で表される過渡現象の特性を表すものであり，時定数と呼ばれる．すなわち τ の値によって，定常状態へ近づく早さの程度を知ることができる．いまの場合

$$\frac{di}{dt} = i_s(-\lambda)\varepsilon^{\lambda t} = i_s \frac{R}{L} \varepsilon^{\lambda t}$$

であり

$$\left.\frac{di}{dt}\right|_{t=0} = i_s \frac{R}{L} \tag{2.114}$$

であるので，τ の定義より

$$\frac{i_s}{\tau} = i_s \frac{R}{L}$$

であり，RL 直列回路の時定数

$$\tau = \frac{L}{R} \tag{2.115}$$

を得る．時定数を用いると式 (2.113) は次のように書ける．

$$i(t) = \frac{E}{R}(1 - \varepsilon^{-\frac{t}{\tau}}) \tag{2.116}$$

2.7.3 RC 直列回路

図 2.32 に示すような回路において，$t = 0$ でスイッチを入れた後の現象は次の方程式で表される．

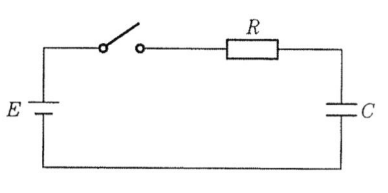

図 2.32 RC 直列回路

$$Ri + \frac{1}{C}\int i\,dt = E \tag{2.117}$$

この方程式は，電荷 q を用いると

$$R\frac{dq}{dt} + \frac{1}{C}q = E \tag{2.118}$$

のように1階の微分方程式に書き直される．初期条件を $q(0) = 0$，すなわちスイッチを入れる前のキャパシタの電荷は0であるとすると

$$L \leftrightarrow R, \quad R \leftrightarrow \frac{1}{C}$$

という対応によって，RL 直列回路の過渡現象の結果から

$$q(t) = CE(1 - \varepsilon^{-\frac{t}{\tau}}) \tag{2.119}$$

を得る．ここで，RC 直列回路の時定数 τ は

$$\tau = CR \tag{2.120}$$

である．電流 $i(t)$ は $i = dq/dt$ より

$$i(t) = \frac{E}{R}\varepsilon^{-\frac{t}{\tau}} \tag{2.121}$$

となる．

2.7.4 RLC 直列回路

図 2.33 に示すような回路において，$t = 0$ でスイッチを入れた後の現象は次の方程式で表される．

$$L\frac{di}{dt} + Ri + \frac{1}{C}\int i\,dt = E \tag{2.122}$$

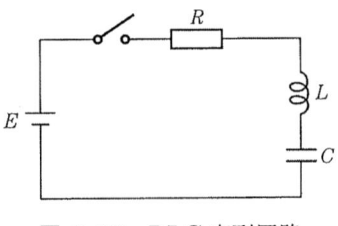

図 **2.33** RLC 直列回路

前節と同様に，電荷 q を用いて書き直すと 2 階の微分方程式

$$L\frac{d^2q}{dt^2} + R\frac{dq}{dt} + \frac{1}{C}q = E \tag{2.123}$$

を得る．ここで，初期条件が $i(0) = 0$, $q(0) = 0$ の場合を考える．2 次方程式

$$L\lambda^2 + R\lambda + \frac{1}{C} = 0 \tag{2.124}$$

の解を λ_1, λ_2 とすると，微分方程式論によれば式 (2.123) の解は

$$q(t) = CE + A_1\varepsilon^{\lambda_1 t} + A_2\varepsilon^{\lambda_2 t}, \quad \left(\frac{R}{2L}\right)^2 \neq \frac{1}{LC} \tag{2.125}$$

$$q(t) = CE + (A + Bt)\varepsilon^{\lambda t}, \quad \left(\frac{R}{2L}\right)^2 = \frac{1}{LC} \tag{2.126}$$

の形に表される．ここで $\lambda = \lambda_1 = \lambda_2$ である．初期条件によって定数 A_1, A_2, A および B を決定すると，微分方程式 (2.122) の解が

$$\text{(a)} \quad R > 2\sqrt{\frac{L}{C}}, \quad i(t) = \frac{E}{\gamma L}\varepsilon^{-\alpha t}\sinh\gamma t \tag{2.127}$$

$$\text{(b)} \quad R = 2\sqrt{\frac{L}{C}}, \quad i(t) = \frac{E}{L}t\varepsilon^{-\alpha t} \tag{2.128}$$

$$\text{(c)} \quad R < 2\sqrt{\frac{L}{C}}, \quad i(t) = \frac{E}{\beta L}\varepsilon^{-\alpha t}\sin\beta t \tag{2.129}$$

となることが分かる．ただし

$$\alpha = \frac{R}{2L} \tag{2.130}$$

$$\beta = \sqrt{\frac{1}{LC} - \left(\frac{R}{2L}\right)^2} \qquad (2.131)$$

$$\gamma = \sqrt{\left(\frac{R}{2L}\right)^2 - \frac{1}{LC}} \qquad (2.132)$$

である．電流 $i(t)$ を図示すると，図 2.34 のようである．(c) の場合は電流 $i(t)$ は振動しながら減衰して行く．(a) のような減衰を過減衰といい，(b) の場合を (c) の場合との境界という意味で臨界減衰という．

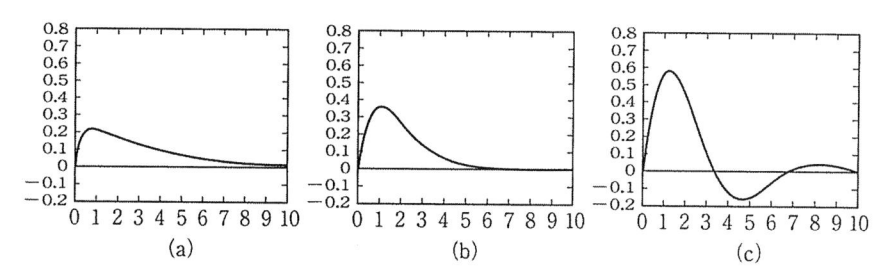

図 2.34 RLC 直列回路の過渡現象

2.8 ひずみ波

ひずみ波とは，正弦波ではない周期波のことである．電圧，電流がひずみ波であっても，周期波は多くの正弦波の和として表されるので，抵抗，コイル，キャパシタからなる線形回路の定常状態の解析では，重ね合わせの理によりこれまでの交流理論を用いることができる．

2.8.1 フーリエ展開

定数 T に対して

$$f(t) = f(t+T) \qquad (2.133)$$

が成り立つとき，関数 $f(t)$ を周期関数といい，T を周期という．周期関数 $f(t)$

は，$\omega T = 2\pi$ と置くと

$$f(t) = a_0 + \sum_{n=1}^{\infty}(a_n \cos n\omega t + b_n \sin n\omega t) \tag{2.134}$$

のようにフーリエ級数に展開される．フーリエ級数の係数 a_n, b_n はフーリエ係数と呼ばれるが，与えられた $f(t)$ に対してフーリエ係数は

$$\left.\begin{array}{rcl} a_0 &=& \dfrac{1}{T}\displaystyle\int_0^T f(t)dt \\ a_n &=& \dfrac{2}{T}\displaystyle\int_0^T f(t)\cos n\omega t\, dt \quad n \geq 1 \\ b_n &=& \dfrac{2}{T}\displaystyle\int_0^T f(t)\sin n\omega t\, dt \quad n \geq 1 \end{array}\right\} \tag{2.135}$$

によって求められる．

$$a_n \cos n\omega t + b_n \sin n\omega t = A_n \sin(n\omega t + \varphi_n)$$

に注意すると，式 (2.134) は

$$f(t) = a_0 + \sum_{n=1}^{\infty} A_n \sin(n\omega t + \varphi_n) \tag{2.136}$$

のように表される．ここで，A_n, φ_n は

$$A_n = \sqrt{a_n^2 + b_n^2}, \quad \tan \varphi_n = \frac{a_n}{b_n} \tag{2.137}$$

である．

ひずみ波は周期関数であるから，フーリエ級数に展開される．このとき平均値 a_0 をひずみ波の直流分，$A_1 \sin(\omega t + \varphi_1)$ を基本波と呼ぶ．また，基本波の $n(\geq 2)$ 倍の角周波数を持つ $A_n \sin(n\omega t + \varphi_n)$ を第 n 調波と呼び，これらを基本波に対して高調波と呼んでいる．

図 2.35 のようにひずみ波交流電源をもつ LRC 回路を考える．ここで

$$e(t) = E_0 + \sum_{n=1}^{\infty} \sqrt{2} E_{en} \sin(n\omega t + \phi_n) \tag{2.138}$$

2.8 ひ ず み 波

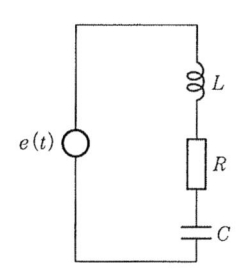

図 2.35 ひずみ波交流電源をもつ RLC 直列回路

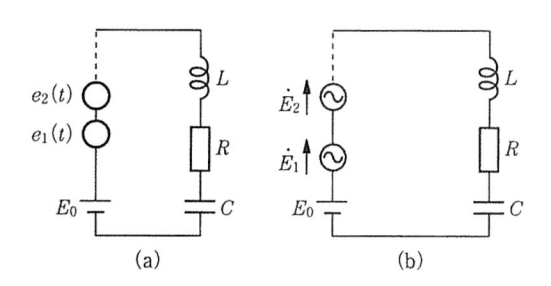

図 2.36 等価な RLC 直列回路

である．$e_n(t)$ を $e_n(t) = \sqrt{2}E_{en}\sin(n\omega t + \phi_n)$ と置くと，この回路は図 2.36 のように直流起電力 E_0 と正弦波起電力 $e_1(t)$, $e_2(t)$, $e_3(t)$, $\cdots$ が直列に接続されたものと考えられる．したがって，$e_n(t)$ のフェーザ表示を $\dot{E}_n$ とすると，この回路に流れる電流 $\dot{I}$ は重ね合わせの理より

$$\dot{I} = \sum_{n=1}^{\infty} \frac{\dot{E}_n}{\dot{Z}(n\omega)} \tag{2.139}$$

のように求められる．ここで，複素インピーダンス $\dot{Z}(n\omega)$ は

$$\dot{Z}(n\omega) = R + j\left(n\omega L - \frac{1}{n\omega C}\right) \tag{2.140}$$

である．

2.8.2 実効値および電力

式 (2.138) のひずみ波交流電圧の実効値 E_e は，定義より

$$E_e = \sqrt{\frac{1}{T}\int_0^T e^2(t)dt} \tag{2.141}$$

であり

$$\int_0^T \sin(m\omega t + \phi_m)\sin(m\omega t + \phi_m) = \begin{cases} 0 & m \neq n \\ \dfrac{T}{2} & m = n \end{cases} \tag{2.142}$$

であることに注意すると

$$E_e = \sqrt{E_0^2 + E_1^2 + E_2^2 + \cdots} \tag{2.143}$$

となることがわかる．

式 (2.138) のひずみ波交流電圧に対して，ひずみ波交流電流が

$$i(t) = I_0 + \sum_{n=1}^{\infty} \sqrt{2}I_{en}\sin(n\omega t + \varphi_n) \tag{2.144}$$

で与えられるとき，回路で消費される電力 P は

$$P = \frac{1}{T}\int_0^T e(t)i(t)dt = E_0 I_0 + \sum_{n=1}^{\infty} E_{en}I_{en}\cos\theta_n \tag{2.145}$$

となる．ここで $\theta_n = \phi_n - \varphi_n$ である．すなわちひずみ波交流回路の電力は各調波の電力の和に等しい．

なお，ひずみ波の皮相電力 P_a および力率 $\cos\theta$ は，正弦波の場合との対応から，それぞれ

$$P_a = I_e E_e, \quad \cos\theta = \frac{P}{P_a} \tag{2.146}$$

と定義される．ただし，I_e はひずみ波交流電流の実効値

$$I_e = \sqrt{I_0^2 + I_1^2 + I_2^2 + \cdots} \tag{2.147}$$

である．

演習問題

2.1 下図の回路の合成抵抗 R を求めよ．

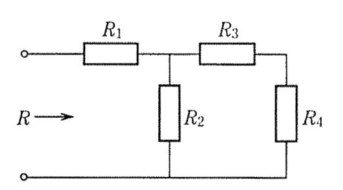

2.2 下図の回路の合成抵抗 R を求めよ．

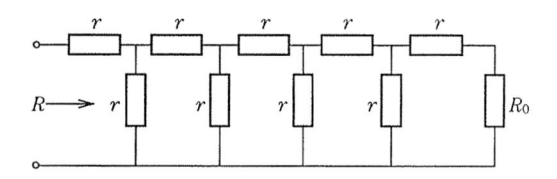

2.3 RLC 直列回路（$R = 100[\Omega]$）に正弦波交流電圧 $E_e = 100[\text{V}]$ を加えたとき，電流が $I_e = 1[\text{A}]$ であったという．R, L, C を図のように並列接続し，同じ正弦波交流電圧を加えたときに流れる電流 I'_e を求めよ．

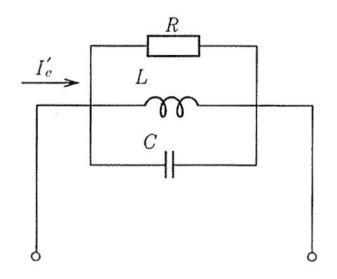

2.4 図のような回路に流れる電流 $\dot{I}$ を求めよ．ここで，$\dot{Z}_1 = 2+j3$, $\dot{Z}_2 = 3-j4$, $\dot{Z}_3 = 4+j5$ である．

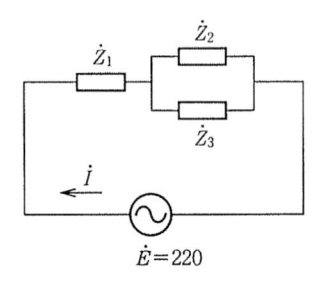

2.5 図の回路で L_1 に流れる電流が電圧 $\dot{E}$ よりも $\pi/2$[rad] 遅れるための条件を求めよ．

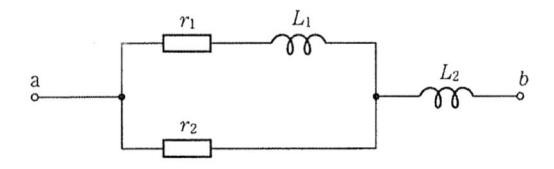

2.6 図のような正弦波交流回路の合成インピーダンス $\dot{Z}$ および合成アドミタンス $\dot{Y}$ を求めよ．

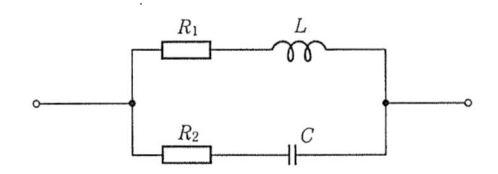

2.7 図の回路において $\dot{Z}_2$, $\dot{Z}_3$ を流れる電流 $\dot{I}_2$, $\dot{I}_3$ を求めよ．

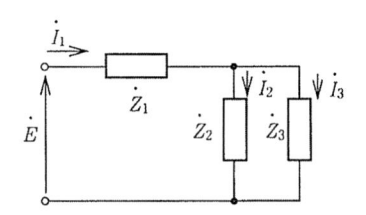

2.8 △結線の3つのインピーダンスがそれぞれ $\dot{Z}_{ab} = 2+j3$, $\dot{Z}_{bc} = 4+j2$, $\dot{Z}_{ca} = 6+j4$ であるとき，これと等価な Y 結線の3つのインピーダンス $\dot{Z}_a$, $\dot{Z}_b$, $\dot{Z}_c$ を求めよ．

2.9 図において $\dot{Z}_1 = r + j\omega L$ であるとき，各相の等価インピーダンス $\dot{Z}$ を求めよ．

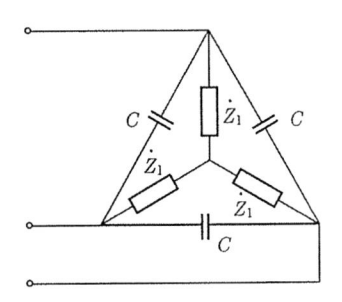

2.10 図の3相回路において，電流 $\dot{I}_a$, $\dot{I}_b$, $\dot{I}_c$ を求めよ．ここで，$\dot{Z} = 6+j8$ であり，$\dot{E}_a = 100$, $\dot{E}_b = 100\varepsilon^{-j\frac{2\pi}{3}}$, $\dot{E}_c = 100\varepsilon^{-j\frac{4\pi}{3}}$ である．

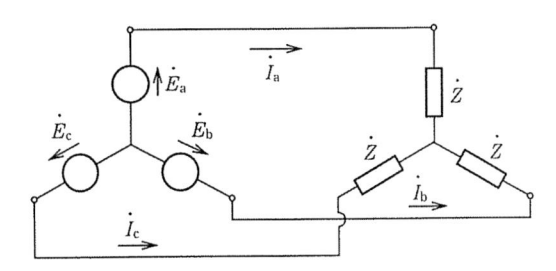

2.11 次のひずみ波交流電圧の実効値を求めよ．
  (a) $e_1(t) = 100\sin(\omega t + \theta_1) - 50\sin(3\omega t - \theta_2) + 25\sin 5\omega t$
  (b) $e_2(t) = 80\cos\omega t + 50\cos(3\omega t - \theta_3) + 50\sin(5\omega t - \theta_4)$

2.12 下図の回路の4端子定数 $\dot{A}, \dot{B}, \dot{C}, \dot{D}$ を求めよ.また,$\dot{A}\dot{D} - \dot{B}\dot{C} = 1$ が成り立つことを示せ.

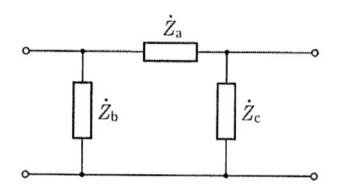

3 電気計測

3.1 電流・電圧の測定

3.1.1 電流・電圧計の構成
電流, 電圧の測定にあたって考慮すべき点は,
i)   信号の周波数帯域
ii) 信号のレベル
iii) 信号源の出力インピーダンス

などである．特に，高周波信号，微弱信号，あるいは逆に大電流・大電圧を測定するには，計測器の選択だけでなく，専門的な計測技術も必要である．ここでは，直流および商用周波数を中心とする低周波信号，電圧レベルとしてはマイクロボルトから 1 kV 程度の信号を対象にし，一般計測に広く用いられている**電子式電圧計**を例にとって説明しよう．

最近の電子式電圧計は，電圧だけでなく電流や抵抗なども同時に測定できるマルチメータと呼ばれるものが多いが，いずれも電圧計が基本になっている．たとえば，電流は既知抵抗での電圧降下から測定できるし，抵抗は既知電源に接続した抵抗端の電圧から測定できる．

電圧計の一般的構成を図 3.1 に示す．入力信号は，まず**レベル変換器**により適当な大きさに変換された後，指示計器で測定される．交流の場合には，いったん整流変換したのち，直流として処理されることもある．**指示計器**としては，アナログ式電圧計では可動コイル型電流計が用いられる．ディジタル式では，レベル変換後の信号をさらにアナログ–ディジタル変換 (ADC) して，ディジタル表示器で表示する．最近では，後者のものが主流になっている．

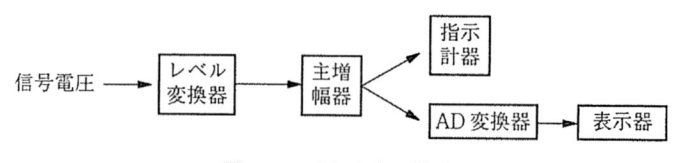

図 3.1 電圧計の構成

3.1.2 レベル変換器

レベル変換器は入力信号を可動コイル型電流計や，ADC の動作領域に一致した信号レベルに変換する．信号が小さい場合は，増幅器により増幅する．微弱な直流信号は，いったん交流に変換して増幅し，再び整流して直流計測を行う．交流の方が安定な増幅器を作れるからである．

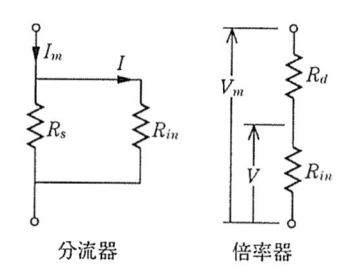

図 3.2 分流器と倍率器

大きな電流信号は**分流器**，電圧信号は**倍率器**により適当なレベルの信号に変換される (図 3.2)．分流器は，電流計の入力抵抗 R_{in} に並列に分流抵抗 R_s を接続したものである．電流計自体に流れる電流を I，測定電流を I_m とすれば，

$$I_m = \left(1 + \frac{R_{in}}{R_s}\right) I \tag{3.1}$$

の関係がある．すなわち，電流計自身に流せる電流の $(1 + R_{in}/R_s)$ 倍の電流を測定できる．$(1 + R_{in}/R_s)$ を**分流器の倍率**という．倍率器は，電圧計に直列に抵抗 R_d を接続したもので，電圧計の内部抵抗を R_{in} とすれば，

$$1 + \frac{R_d}{R_{in}} \tag{3.2}$$

倍の電圧まで測定できる．$(1 + R_d/R_{in})$ を**倍率器の倍率**という．分流器や倍率

器では，数種の抵抗を切り替えて広い範囲の信号レベルに対応できるようになっている．

3.1.3 アナログ式電圧計
(1) 可動コイル型計器
アナログ式ではレベル変換した後の信号を可動コイル型電流計で計測し，指示する．

可動コイル型電流計の構造を図 3.3 に示す．磁界中に置かれた可動コイル (図で鉄心に巻かれたコイル) に電流 I を流したとき，コイル電流には電磁力による駆動トルク $T_d = K_1 I$ が働く．一方，可動コイルに取り付けたバネにより，回転角 θ に比例した制御トルク $T_c = K_2 \theta$ が働き，両者が釣り合った位置で制止する．したがって，コイルの回転角は $\theta = K_1 I / K_2$ となり，電流に比例する．これからコイルに流れる電圧が分かる．可動コイルの時間応答は秒程度と遅いので，交流を直接測定することはできない．

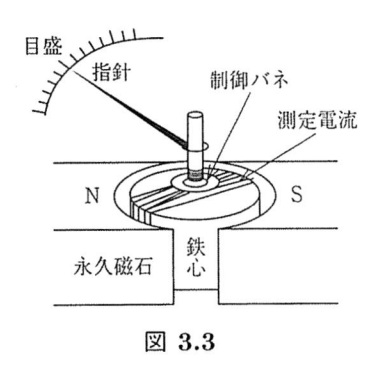

図 3.3

(2) 可動鉄片型計器
交流を直接指示できる計器としては，図 3.4 に示す**可動鉄片型**がある．磁化コイル (図ではコイル) に電流 I を流して固定鉄片と可動鉄片を磁化し，鉄片間の斥力を駆動トルクとする．駆動トルクは，$\partial \{L(\theta) I^2 / 2\} / \partial \theta$ より求めることができる．通常，インダクタンス $L(\theta)$ が回転角 θ に比例するように作られており，可動鉄片の振れは電流の 2 乗に比例する．ただし，鉄片の動きは，回転部の慣性の

ため，トルクの瞬時値には応答できず，時間平均値を指示する．したがって，指針の振れは電流の 2 乗の時間平均，すなわち**実効値に比例する**．

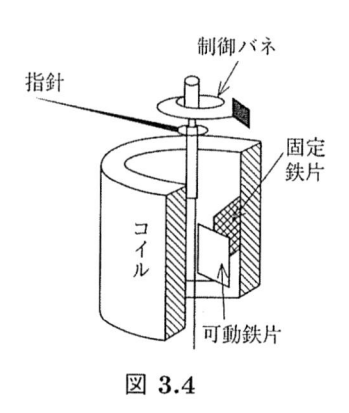

図 3.4

(3) 整流型計器

図 3.5 のように交流信号を整流した後，可動コイル型計器で計測するものを**整流型計器**という．直接計測されるのは**波高値** (ピーク値) や平均値であるが，通常は実効値で目盛ってある．交流波形が正弦波の場合，波高値 V_p, 平均値 V_a, 実効値 V_e の間には，

$$V_p = 1.41 V_e$$
$$V_a = 0.9 V_e$$

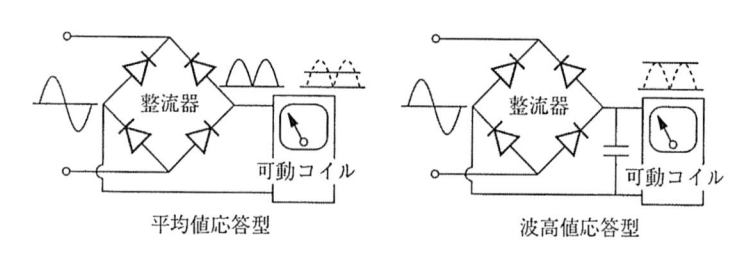

図 3.5

の関係がある．交流計器では，次項のディジタル式も含めて，波形が正弦波であると仮定して実効値に換算表示してある．したがって，波形が正弦波から歪んでいる場合は誤差を生じる．

3.1.4 ディジタル式

ディジタル式ではレベル変換した後の信号と基準信号との比較により A-D 変換して，ディジタル表示する．

図 3.6 に A-D 変換法の例として積分変換型 A-D 変換法の原理を示す．スタートパルスにより，クロックパルスのパルス毎に，ゼロから一定の割合で大きくなる基準電圧を発生する．サンプルホールドされた信号を，この基準電圧と比較する．基準電圧は時間的に一定の割合で大きくなっているので，スタートパルスから両者が等しくなるまでの時間，すなわちクロックパルス数は，信号電圧の大きさに比例する．したがって，クロックパルス数を 2 進カウンタで計数すれば，電圧信号が直接ディジタル化される．

この例で，基準電圧はクロックパルス毎に不連続的に増加するので，ディジタル化により基準電圧の増分に相当する誤差が発生する．この種の誤差は，ディジタル化では必ず生じるもので，**量子化誤差**と呼ばれている．電圧計測の場合，基準電圧はカウンタからのディジタル信号で決まるので，量子化誤差はこの時のビット数で決まる．たとえば，8 ビットの場合，基準電圧のフルスケールに対し増分

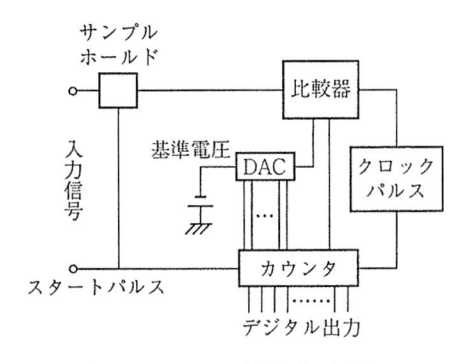

図 **3.6** A-D 変換器の構成

は $1/256 = 0.04$ となり，量子化誤差は 4% となる．ビット数は，ディジタル計器を選択する際の 1 つの評価基準である．

3.1.5 起電力

電池の電圧を電圧計で測定した場合，その値は電池の持つ起電力とは等しくない．それは，電池には内部抵抗 R_i があり，電圧計にも内部抵抗 R_m があるので，測定時の等価回路は図 3.7 のようになる．したがって，電圧計の読みは

$$\frac{R_m}{R_i + R_m} E \tag{3.3}$$

となり，電池の内部抵抗が電圧計の内部抵抗に対して無視できないと誤差が大きくなる．精密な測定には，零位法による電位差計を用いる．

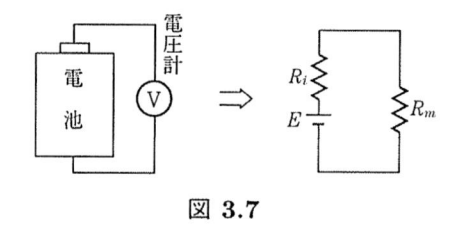

図 3.7

3.2 抵抗・容量・インダクタンスの測定

3.2.1 抵抗の測定

(a) メータ式抵抗計：抵抗値は原理的には電流・電圧を測定すれば，その比より求めることができる．アナログ式テスタやディジタルマルチメータは，電源を含む既知の回路の一部に抵抗を接続したときの端子電圧の変化量から未知抵抗値を直読できる．抵抗値を正確に測定する場合には，以下のブリッジ法が用いられる．

(b) ホイートストンブリッジ (Wheatstone bridge)：中程度の抵抗 ($1\Omega \sim 1$ MΩ 程度) の測定に用いられる．図 3.8 で検流計の振れがゼロになるように既知抵抗 P, Q, R を調整して，未知抵抗 X を求める．検流計の振れがゼロになる条件を

平衡条件という．図 3.8 のブリッジの平衡条件は $I_1 X = I_2 Q, I_1 R = I_2 P$ より，

$$X = \frac{R}{P} Q \tag{3.4}$$

で与えられる．

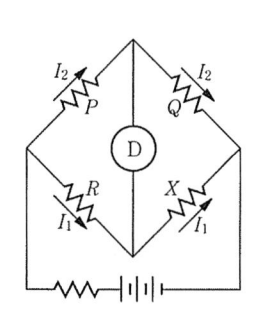

図 3.8 ホイートストンブリッジ 図 3.9

1Ω 以下の低抵抗を精密に測定するには，リード線の抵抗や接触抵抗などの影響を取り除くように工夫したケルビンダブルブリッジ (Kelvin's double bridge) を用いる．また，電解質のように直流による分極作用がある場合には，電源に交流を使ったコールラウシュブリッジ (Kohlrausch bridge) が用いられる．

一方，$1 \mathrm{M}\Omega$ 程度以上の高抵抗の測定の簡便な方法としては，**絶縁抵抗計** (通称メガ) (図 3.9) が用いられる．数 100 V の電源を用いて，電圧電流比より抵抗を読み取る．絶縁体の体積抵抗率を測定する場合は，試料表面を流れる漏れ電流が誤差の原因となる．これを防ぐには保護環を用いて漏れ電流の影響を除く．

3.2.2 容量・インダクタンスの測定

(a) ブリッジ法：容量やインダクタンスの測定では，リード線や素子間の電磁気結合が誤差の原因になる．高周波数が高いほどこの影響が大きい．商用周波数から kHz 程度の低周波域の容量や，インダクタンスの測定に各種の交流ブリッジが考案されている．

図 3.10 は容量測定用のシェーリングブリッジである．この場合，平衡条件から未知容量 C_x，および損失抵抗 (絶縁物の誘電体損失)r_x は，

$$C_x = \frac{R_2 C_s}{R_1}$$
$$r_x = \frac{C R_1}{C_s} \tag{3.5}$$

と求められる．

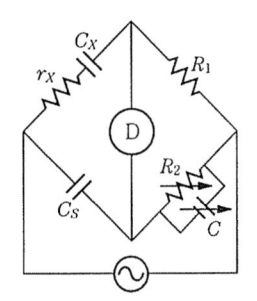

図 3.10 シェーリングブリッジ

(b) 共振法：L-C 回路の共振現象を利用する．共振条件は周波数 f に対して，

$$f = \frac{1}{2\pi\sqrt{LC}} \tag{3.6}$$

であるので，L, C, f の内二つが既知であれば，他の 1 つを求めることができる．同じく共振現象を利用した **Q-メータ** (図 3.11) は MHz 帯の周波数帯で R, L, C を測定できる．図 3.11 は，コイルの Q 値を Q-メータで測定する原理回路図である．まず，コイルの L_x と打ち消し合うよう C を調整する．この時，$V = \dfrac{E}{R_x}\dfrac{1}{wC}$ である．また，$\omega L_x \dfrac{1}{wC}$ であるから，$Q = \dfrac{wL_x}{R_x} = \dfrac{V}{E}$ となり，V と E の比より Q 値を直読できる．

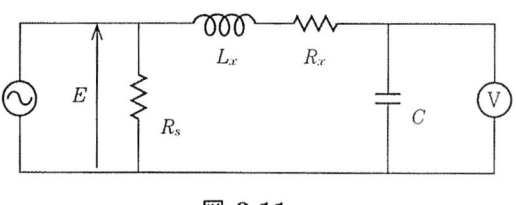

図 3.11

(c) インピーダンスメータ：抵抗計と同様に既知の回路の一部に，未知のインピーダンス Z を挿入し，電圧の大きさと，電流に対する位相を測定すれば直接インピーダンスを求めることができ，インピーダンスメータの名で開発されている．最近は，ディジタル式のものが開発されている．

3.3 電力の測定

3.3.1 電力計

直流および単相交流電力の測定には，**電流力計形電力計** (watt meter) が用いられる．図 3.12 のように，電圧計に相当する可動コイルと電流計に対応する固定コイルより構成されており，指針の触れが電圧・電流の積に比例することから，瞬時電力を直読できる．

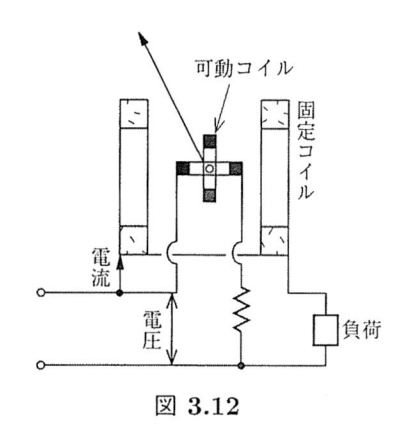

図 3.12

3.3.2 電力量計

電力量計はある時間にわたっての使用電力の総量を測定する．**積算電力計 (Integrating watt meter)** とも呼ばれる．図 3.13 に移動磁界式電力量計を，図 3.14 に写真を示す．自己インダクタンスの大きな電圧コイルと，インダクタンスの小さな電流コイルの作る移動磁界により導体円板を回転させる．回転速度を電力に比例させ，回転数より電力量を求める．電力会社で各家庭や工場への販売電力を測定するのに広く使用されている．

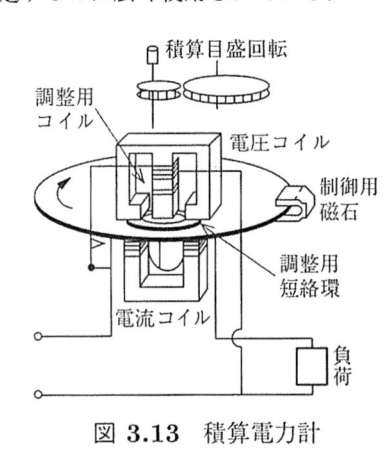

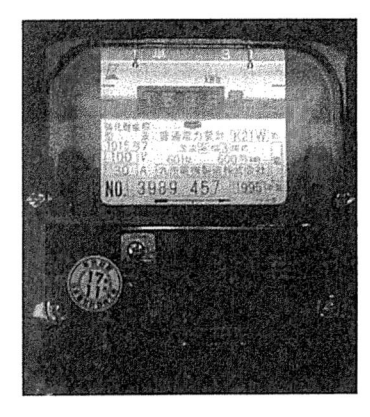

図 3.13 積算電力計　　　　　図 3.14

3.4 位相・周波数の測定

3.4.1 位相の測定

ブラウン管オシロスコープ水平・垂直軸に周波数が等しく，位相が異なる 2 つの正弦波 $\sin(\omega t), \sin(\omega t - \phi)$ を加えると，図 3.15 のように，位相差によって形状が変化するリサジュー図形と呼ばれる図形が現れる．たとえば，$\phi = 0$ のときは直線となり，$\phi = \pi/2$ のときは円となる．この図形より位相を求めることができる．

図 3.16 は電子式位相差計の原理を示している．まず，正弦波をその周期に一致した矩型波に変換し，矩型パルスの立ち上がり部を検出する．2 つの矩型パルスの立ち上がり時間の遅れは位相差に比例するので，時間差測定より位相が求まる．

3.4 位相・周波数の測定

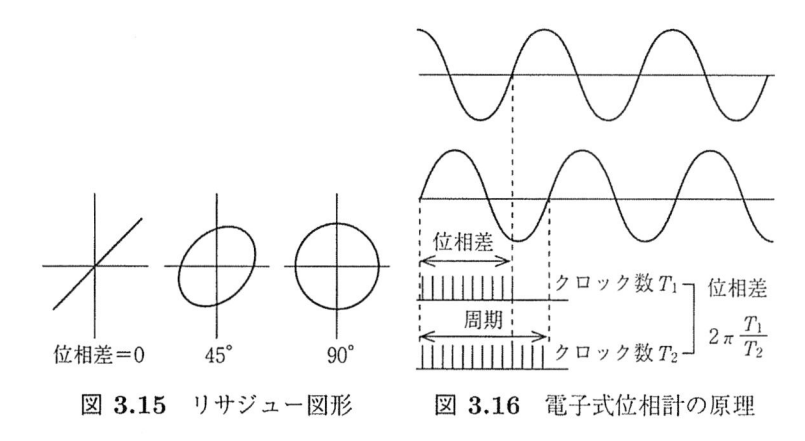

図 3.15 リサジュー図形　　図 3.16 電子式位相計の原理

時間差の測定はクロックパルスの計数により行う．

3.4.2 周波数の測定

3.2.2項のインピーダンス測定で述べた交流ブリッジや共振法は，回路パラメータが既知であれば周波数計測に利用できる．周波数ブリッジや吸収型周波計がそれに当たる．最近はディジタル方式による**周波数カウンタ**と呼ばれるものが一般に用いられている．

図3.17に周波数カウンタの原理図を示す．正弦波信号は，位相計の場合と同様に1周期につき1つの矩型パルスに変換される．水晶発振器からなる基準時間発

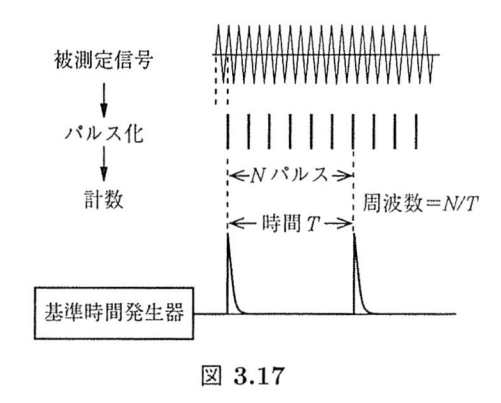

図 3.17

生器の信号で駆動されるゲート回路により，一定時間 T 秒間だけ矩型パルスをカウンタにより計数する．計数したパルス数が N であれば，周波数 f は $f = N/T$ と求まる．このタイプのものは，周波数 10 Hz 程度から 10 GHz 程度の範囲で各種のものが開発されている．より高周波の計測は，既知の高周波との差周波をとるヘテロダイン法により周波数を低周波に変換したのち計測する．

3.5 その他の電気計測器

3.5.1 ブラウン管オシロスコープ

ブラウン管オシロスコープはブラウン管蛍光面上で，電圧波形を電子ビームの軌跡として直接観測することができる．ブラウン管オシロスコープの構造を図 3.18 に示す．ブラウン管は，細い電子ビームを発生する電子銃と，電子ビームの軌道を制御する垂直，水平方向の 2 つの静電偏向電極を持つ真空管である．ブラウン管の全面には蛍光物質が塗布されており，電子ビームが衝突すると輝点として観測できる．ブラウン管オシロスコープは，垂直偏向電極に観測する電圧波形を印加し，水平偏向電極には時間に比例して増加するランプ電圧を印加して，ブラウン管蛍光面に波形を表示する．

オシロスコープのうち，信号に同期して水平偏向電極に印加するランプ電圧のスタート時間を調整する機能を持つものを，特にシンクロスコープと呼ぶ場合もある (図 3.19 に外観を示す)．この機能は，単一の高速現象を観測したり，波形の特定部分を時間的に拡大して観測するのに不可欠である．

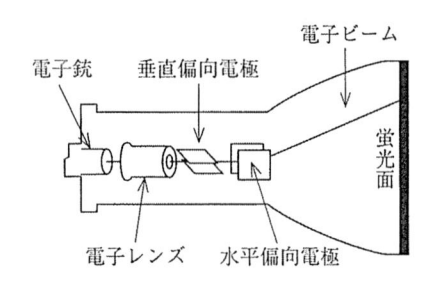

図 **3.18** ブラウン管オシロスコープの構成

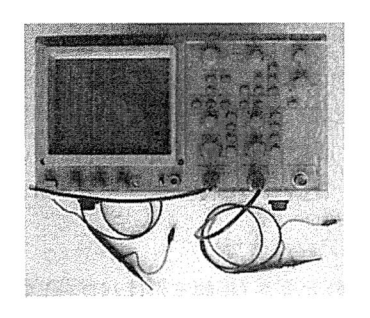

図 3.19

また，ディジタル IC の特性測定用に開発されたロジックアナライザーは，入力信号を 2 値化表示し，多数の入力信号を同時に表示できるようになっている．

オシロスコープの選択に当たっては，信号の入力感度と時間応答性が重要である．最終的には，オシロスコープに組み込まれている増幅器の周波数帯域が性能を決める．現在，最も高速のオシロスコープでは，1 GHz 程度の正弦波を直接観測できる．最近では，波形をディジタル記録できる機能を持つものが普及しており，ディジタルオシロスコープあるいはディジタルメモリスコープと呼ばれている．

信号が周期性の繰り返し波形であれば，増幅器の周波数帯域を超える波形を観測できる．図 3.20 に原理を示す．タイミングを変えながら波形の一部を順次サン

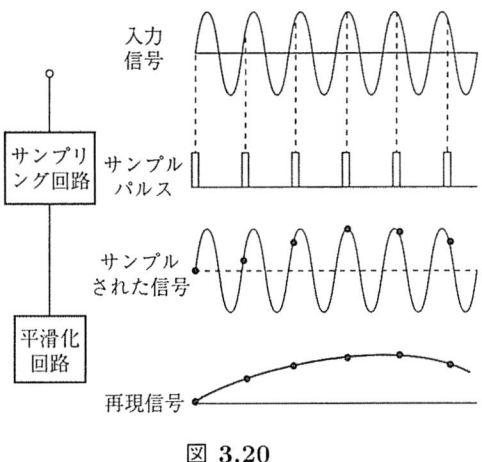

図 3.20

プリングすると，元の波形と相似で時間軸が拡大された波形が得られる．サンプリング周期より，時間軸を決めることができる．このような原理によるオシロスコープをサンプリングオシロスコープという．サンプリングオシロスコープを使えば数 10 GHz の波形まで観測できる．

3.5.2 スペクトルアナライザー

スペクトルとは，信号の大きさ (振幅またはパワー) を周波数の関数として表したものである．オシロスコープが時間領域で信号を観測するのに対し，スペクトラムアナライザーは周波数領域での信号の成分を観測する．

図 3.21 にヘテロダイン法によるスペクトラムアナライザーの原理を示す．局発発振器からの正弦波信号と，被測定信号を混合して差周波数を発生する．次に狭帯域のバンドパスフィルタを通して検出すれば，被測定信号のうち特定の周波数成分のみを取り出せる．周波数成分を求めるには，局発発振器の周波数を掃引すればよい．

単一パルス信号の場合は，ディジタルオシロスコープで波形を記録し，これを計算機でフーリエ変換してスペクトルを求めるのが一般的である．また，最近のディジタルオシロスコープはそのような機能を内蔵しているものも多い．

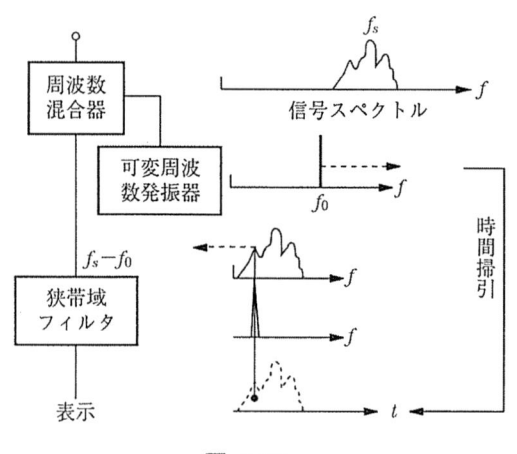

図 3.21

3.6 電気応用計測

3.6.1 電気応用計測の特徴と種類

最近では,温度,圧力,成分濃度などの各種物理・化学量も,いったん電気量に変換し,電気計測の技術を利用して測定することが多くなっている.このような計測をここでは**電気応用計測**と呼んでいる.電気計測技術を利用することの利点として,次の点が挙げられる.
 (1) 感度が高く,高精度である
 (2) 応答速度が早い
 (3) 遠隔計測が可能
 (4) コンピュータ利用によりデータの処理,加工,保存が容易
などである.

電気応用計測システムの一般的構成を図 3.22 に示す.被計測物理化学量は,まず,電気物理・化学現象を利用して電気量に変換される.電気量に変換する装置は,**変換器 (トランスデューサ)** と呼ばれる.最近は,センサと呼ばれることが多くなった.ここでも,以下センサと呼ぶことにする.

現在でも,多種多様なセンサの開発が行われており,それらすべてを記述することは,ここではとても不可能である.ここでは,電磁気現象や電気計測とのつながりを考慮して,変換原理ごとに分類して代表例を紹介する.

変換原理には,被計測量により抵抗,インダクタンス,容量が変化することを利用する**インピーダンス変換型**,被計測量により起電力が発生するのを利用する**起電力変換型**などがある.

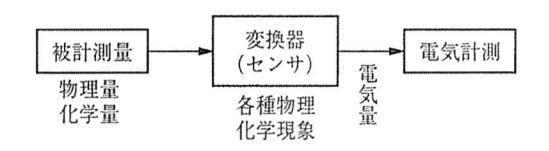

図 3.22 電気応用計測

3.6.2 インピーダンス変換型

(1) 抵抗変換型

(a) 歪センサ：金属線の抵抗 R は，長さを l，断面積 A，比抵抗 ρ とすると，$R = \rho l/A$ 〔Ω〕で与えられる．金属線に力が働き，l, A がそれぞれ $\Delta l, \Delta A$ 変化したときの抵抗変化率 $\Delta R/R$ は，

$$\frac{\Delta R}{R} = (1 + 2\delta)\frac{\Delta l}{l} \tag{3.7}$$

で与えられる．ここで，δ はポアソン比である．したがって，抵抗変化を測定すれば金属線の伸縮を測定できる．

歪センサは，図 3.23 のような構造の細い金属線を被測定物に張り付けて使用する．被測定物が歪むと金属線が伸縮して抵抗が変化する．抵抗の変化量をブリッジで読み取って，被測定物の歪み量を求める．

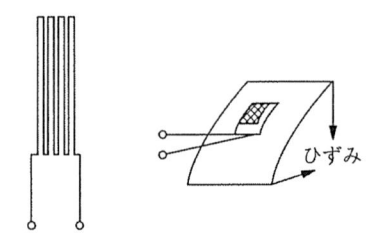

図 **3.23** 歪センサ

(b) 抵抗温度計：温度 T の金属の抵抗 R_q は，

$$R_q = R_0(1 + \alpha T) \tag{3.8}$$

で表される．ここで，R_0 は 0 ℃での抵抗，α は抵抗の温度係数である．したがって，R_q を測定すれば温度 T が求まる．抵抗はブリッジで読み取るが，測温抵抗体までの配線に用いられる金属線部分の抵抗の温度変化を除くための工夫が必要である．図 3.24 に外観を示す．

(c) 熱線風速計：電流により加熱されている金属線の温度は，周囲気体の風速によって変化する．したがって，金属線に流す電流が一定であれば，温度の測定から風速を知ることができる．この原理を利用したのが**熱線風速計**である．図

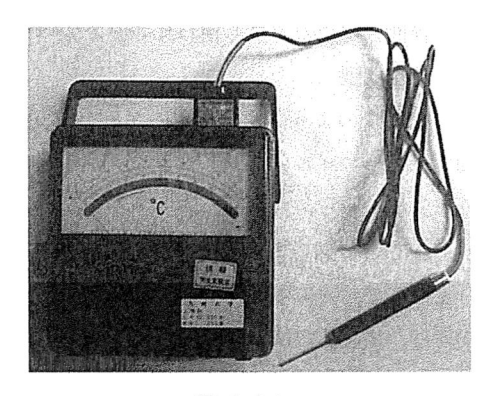

図 3.24

3.25 に構成図を示す．抵抗変化はブリッジで検出するが，通常はブリッジが平衡するように，熱線の加熱電力を変化し，そのときの電力から風速を求めるようになっている．

金属線からの放熱量は，風速だけでなく周囲気体の圧力や気体の種類によっても変化する．この原理を利用した圧力計 (ピラニゲージ) や，気体成分センサもある．図 3.26 にピラニゲージの外観を示す．

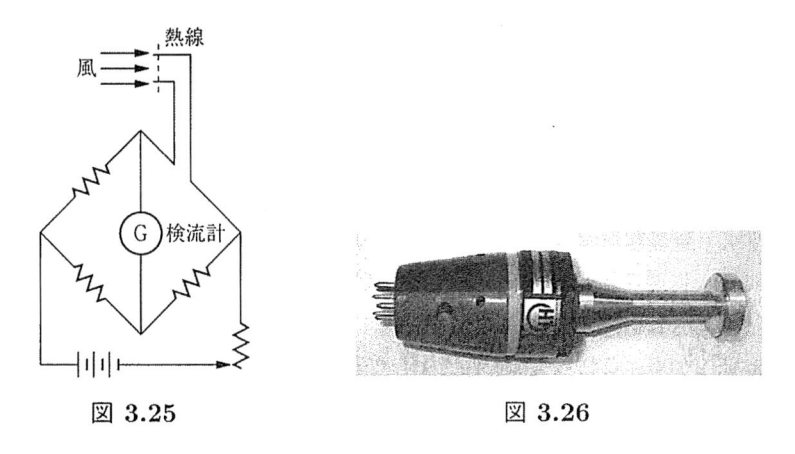

図 3.25   図 3.26

(d) 光導電セル：半導体にバンドギャップより，大きな光子エネルギーを持つ光子が入射すると，電子-正孔対の発生により抵抗が変化する．これを利用した光センサは光導電セルと呼ばれる．特に，材料として CdS を用いたものは，比較

的人間の視感度に近い特性を持つので良く使われている．

(2) インダクタンス変換型

(a) 変位センサ：図 3.27 のようにソレノイドコイルの一部に挿入した磁性体 (図では鉄心) が移動すると，コイルのインダクタンスが変化するので，これを利用して変位センサが作られている．

(b) 流量センサ：図 3.28 は同様の原理を利用した，流量センサの例を示している．差動変圧器の磁性体が，流体中のフロートに接続されている．流量が変化するとフロートが移動し，磁性体の位置が変化する．結果的に，変圧器の出力から流量を知ることができる．

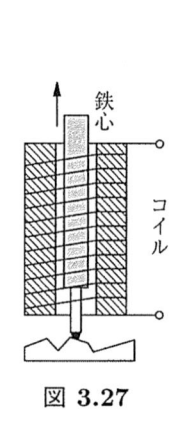

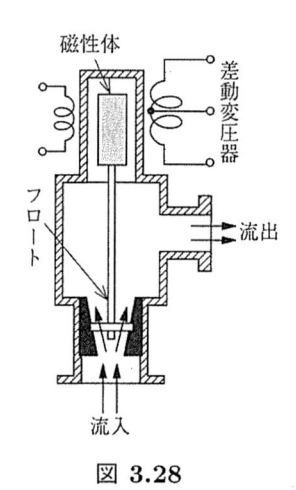

図 3.27

図 3.28

(3) 容量変換型

平行平板型コンデンサの容量 C は，$C = \varepsilon A/t$ で与えられる．ここで，A は対向する極板の面積，t は極板間の距離，ε は極板間の物質の誘電率である．容量 C を測定して，これら 3 つの量を介して種々の量を計測するセンサが考案されている．

(a) 変位センサ：図 3.29 のように，極板間の距離が変化したときの容量の変化量から，電極を取り付けた物体間の変位を測定する．この時，感度 dC/dt は t^2 に逆比例するので，電極間の距離が微小な場合には，たいへん高感度なセンサを構成できる．10 nm (nm は 10^{-9} m) 程度の変位を検出できるものが市販されて

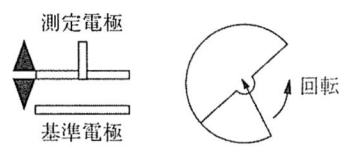

いる.

　一方の電極板を回転軸に取り付けると，軸の回転により対向する電極面積が変化する．これを利用すれば，回転変位センサを構成できる.

　(b)　圧力センサ：図3.30のように圧力容器の薄い隔壁（ダイアフラム）を一方の電極にしてコンデンサを構成する．容器間に圧力差が生じるとダイアフラムに力が働き，ダイアフラムの変形にともなって容量が変化する．したがって，一方の容器の圧力を基準（通常は大気圧）として，他方の容器の圧力を測定できる．この種の圧力計は**キャパシタンスマノメータ**と呼ばれ，気体の種類によらず絶対圧力を測定できる．図3.31は，圧力センサ測定部の外観である.

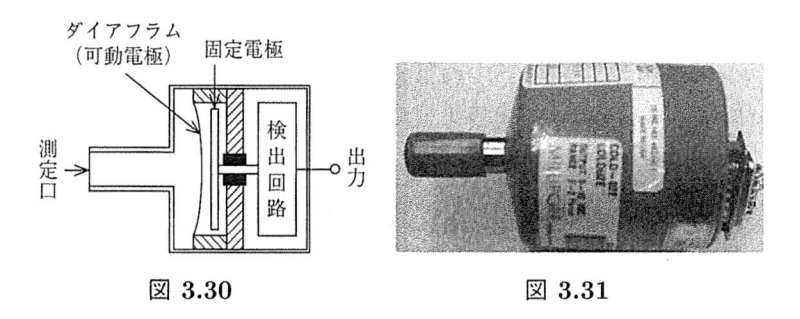

図 3.30　　　　　図 3.31

　コンデンサマイクロホンは同じ原理を利用して，音による大気の疎密波を検出する.

　(c)　液面計：同軸型のコンデンサの容量が，電極間を満たす液体の割合で変化するのを利用したものである．液体の種類によって誘電率がことなるので，あらかじめ液体の種類がわかっている必要がある.

3.6.3 起電力変換型

(a) **電磁流体センサ**:原理構成を図 3.32 に示す.導電性流体が磁界を横切って流れると,ローレンツ力により電荷の分離が起こる.電荷の分離により発生する静電気力と,ローレンツ力が釣り合って平衡に達し,管の両端に起電力が発生する.磁束密度を B,平均流速を v,管の半径を a とすると,発生する起電力 E は

$$E = 2avB \tag{3.9}$$

で与えられる.この種の電磁流量センサは,工業用に広く利用されている.ただし,対象が導電性液体に限られるのが欠点である.同じ原理は,船の対海水速度計にも利用されている.

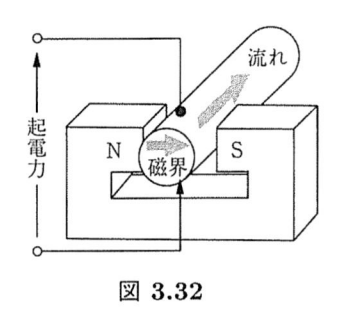

図 3.32

(b) **熱電温度センサ**:図 3.33 のように異種金属を接触させた 2 つの接点を異なった温度に保つと,接点間に起電力が発生して電流が流れる.これは,ゼーベック効果と呼ばれている.一方の接点の温度が既知であれば,この起電力の値からもう一方の接点の温度を知ることができる.この原理を利用した一対の異種金属接点を**熱電対**という.熱電対には,銅-コンスタンタン (Ni 45%+Cu 55%),白金-白金ロジウム,クロメル (Cr 10%+Ni 90% +Δ)-アルメル (Ni 94 %+Al 3% +Mn+Fe+Si) などの金属や合金の組み合わせが使われる.図 3.34 にこれらの材料の熱起電力特性を示す.

(c) **光起電力型光センサ**:半導体の PN 接合部では,ホールと電子の再結合により電荷空乏層が形成され,電位が形成されている.半導体のバンドギャップより大きな光子エネルギーを持つ光がこの空乏層に入射すると,発生したホール・電子対がそれぞれ P 層,N 層にドリフトして P 層と N 層間に起電力が発生する.

3.6 電気応用計測

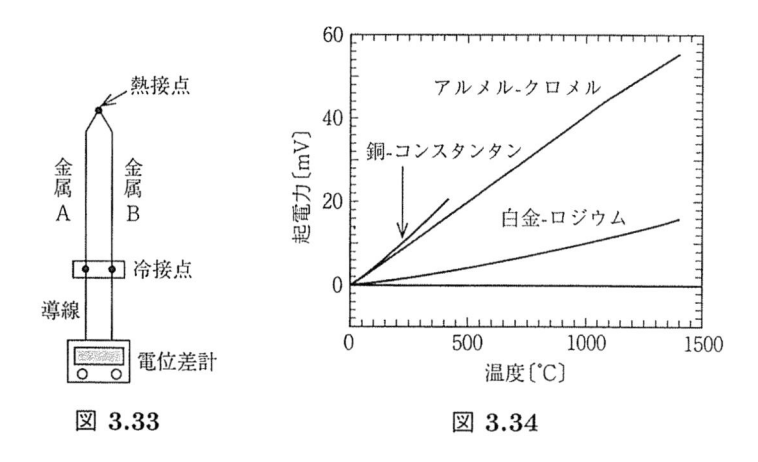

図 3.33

図 3.34

この現象は**光起電力効果**と呼ばれる．光起電力効果を利用した光センサは広く利用されており，**ホトダイオード**と呼ばれている．通常は，発生したホール・電子対のドリフトを促進するため，P層を負に，N層を正にバイアス（逆バイアス）して使う．図3.35にホトダイオードの構造を示す．

半導体としては通常 Si や Ge を用いる．長波長側の感度は，バンドギャップで決まり，Si の場合，バンドギャップは波長 1.1 μm のエネルギーに相当する．短波長の感度は主にダイオードの構造で決まる．CCD カメラは，ホトダイオードと電荷結合素子 (CCD) を集積化した撮像素子である．

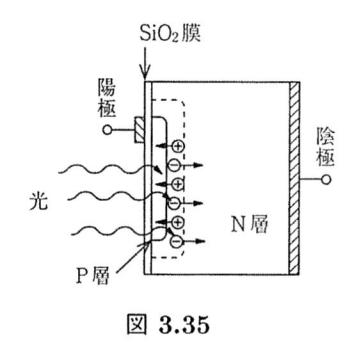

図 3.35

3.6.4 周波数変換型

(a) ドプラー速度計:移動物体に音波やマイクロ波を照射したとき,反射波の周波数がドプラー効果により変化するのを利用して,移動物体の速度を非接触で測定する.送信機の周波数を f, 移動物体の速度を v とすると,周波数のずれ Δf は,

$$\Delta f = \frac{2v}{c}f$$

で与えられる.ここで,c は音波の場合には音速,マイクロ波の場合は光速度である.

3.6.5 最近の動向

最近の電気応用計測の開発にはいくつかの新しい動向が見られる.それらは,

(1) 画像計測,多点同時計測
(2) 感覚・感性の計測
(3) 異常診断
(4) インテリジェント化

などである.これらの開発は,新しいセンサ自体の開発に加えて,画像計測装置のようなハード機器の開発,コンピュータによる高速データ処理など,ソフト技術の進展などを統合して初めて可能になったものである.今後一層の発展が期待される分野である.

3.6.6 計測と制御

(a) 管理方式と計装:工場での生産工程などでは,各工程をさまざまなセンサを用いて監視するとともに,センサからの信号を元に,工程が最適な状態で行われるよう各種装置を操作している.このような流れは,図 3.36 のようにまとめることができる.現在では,これら一連の作業は,電気的に行われており,全情報や操作部を1ケ所に集めて管理する**集中管理方式**で行われる.この場合,センサや操作装置が有る場所と管理制御室が有る場所は,電気信号は遠隔伝送が簡単に行えるので地理的に近い必要はない.

3.6 電気応用計測

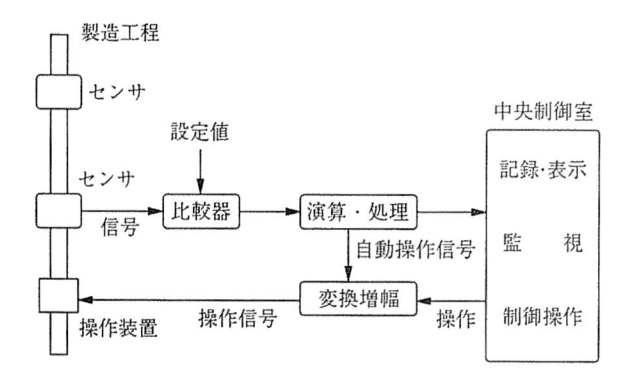

図 3.36

図3.37に，集中管理を行っている制御室の様子を示している．正面には工程全体を示すパネルの上に，対応するセンサからの出力が大きく表示されている．さらに，詳しいデータは操作卓上のディスプレイにコンピュータを介して表示される．監視者は運転状況を常時監視し，必要に応じて必要な操作を行う．パネル等の表示は，監視者が見やすく，見間違いが起こり難いことともに，操作が容易に行えるような工夫が必要である．これらを考慮して，表示器など最適な配置や全体の設計を行うことを**計装**という．

図 3.37

(b) 制御方式：センサからの信号に基づいて，対象を望ましい状態に保つように操作することを制御という．制御は，操作の方法により操作を手動で行う**手動制御**と自動的に行う**自動制御**に分類できる．また，手順として予め決った順番に従って操作して行く**シーケンス制御**と，センサの信号と目標値との比較に基づいて適宜操作を行う**フィードバック制御**に分類できる．決った手順で洗濯を行う洗濯機などはシーケンス制御の例である．一方，一定温度のお湯を供給する最新の給湯システムは身近なフィードバック制御の例である．車の運転など人間の動作は大変優れたフィードバック制御機能を持っている．

演習問題

3.1 1 A, 0.18Ω の電流計で 10 A まで測定するには分流器の抵抗は幾らにすればよいか．また，10 V, 10 kΩ の電圧計で，100 V まで測定するには，倍率器の抵抗はいくらにすればよいか．

3.2 式 (3.3) の関係式を求めよ．

3.3 問図 3.6 の波形についてそれぞれ，実効値と波高値，平均値と実効値の関係を求めよ．

3.4 波高値応答型整流式電圧計で，問図 3.1 の波形の電圧を測定した．それぞれの波形に対する電圧計の指示値はいくらか．

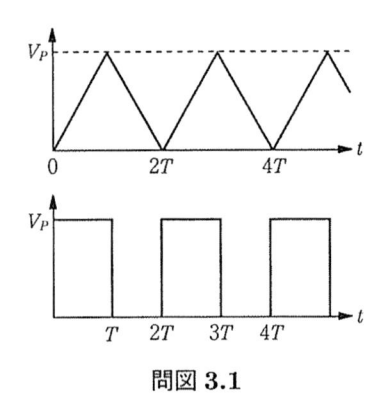

問図 **3.1**

3.5 式 (3.5) の平衡条件を導出せよ．

3.6 容量型変位センサの変位に対する感度を求めよ．

3.7 静電容量が誘電率にも依存することを利用して種類の分らない物質を特定するセンサを考えてみよう．

3.8 式 (3.9) を導出せよ．

4 制　　御

4.1　フィードバック制御

　一般に用いられているフィードバック制御の定義は,「物体, プロセス, 機械等のある量に注目し, 外から与えられる所望の値と一致させるために, その量を検出して所望値と比較し, それに応じて訂正動作を行わせること」である. この定義において, 物体, プロセス, 機械など制御しようとしている対象物を制御対象, 制御対象の注目している量を制御量, その所望の値を目標値という. 目標値と制御量の差は制御の誤差であるが, これを制御偏差と呼ぶ.

　標準的なフィードバック制御系を図示すると図 4.1 のようである. 図において,

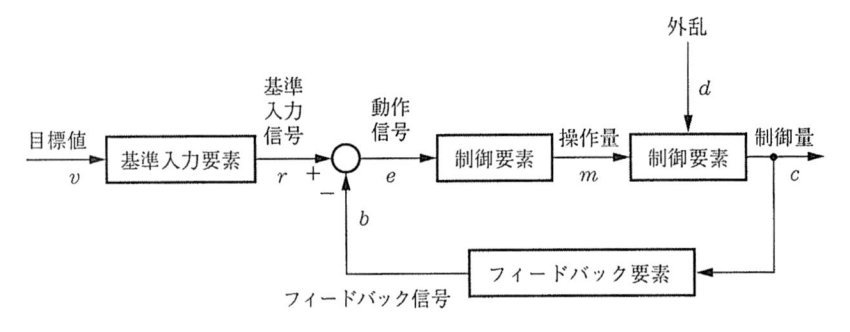

図 4.1　フィードバック制御系

外乱は制御系の状態を変えようとする外的作用のことである. フィードバック要素は, 制御量を検出し, 基準入力信号と比較しうるようにするもので, 検出部とも呼ばれている. 基準入力要素は, その名が示すように, 目標値を基準入力信号に変換するものである. 動作信号は, 基準入力信号とフィードバック信号との差

の信号で，偏差ともいう．操作量は制御対象に加えられる量で，制御要素は動作信号を入力として操作量を出す要素である．

フィードバック制御理論は，まず通信工学における帰還（フィードバック）増幅回路の理論を取り入れて，ベクトル軌跡，ボード線図などを用いて周波数特性上で制御系を設計するいわゆるサーボ理論として第2次世界大戦中に体系化された．その後，この理論は自動調整やプロセス制御の問題にも応用されるようになり，これらを統一した形で制御理論が確立された．

制御系を目標値によって分類すると，目標値が一定の定値制御と目標値が変化する追値制御に大別される．さらに追値制御は，目標値が任意の時間変化をする追従制御と目標値があらかじめ定められた時間変化をするプログラム制御に分けられる．

一方制御系を制御量によって分類すると次のようになる．

サーボ機構	制御量が機械的位置，回転角度の追従制御
プロセス制御	制御量が工業プロセスの状態量．一般に定値制御
自動調整	制御量が電気量および速度，回転数などの定値制御

4.2 システムとモデル

制御系を構成する要素，たとえば制御対象の動特性を表す数学モデルとして最も一般的に用いられるのは微分方程式で表されるモデルである．すなわち図4.2のようにシステムの入力と出力がそれぞれ $y(t)$, $x(t)$ であるとき，$y(t)$ と $x(t)$ の関係が常微分方程式で表されるとする．ここでは，(1)因果性，(2)時不変性，(3)線形性なる性質をもつモデルを取り扱うので，$y(t)$ と $x(t)$ の関係は定係数線

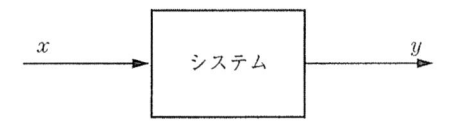

図 4.2 入出力の関係

形常微分方程式

$$\frac{d^n y}{dt^n} + a_1 \frac{d^{n-1} y}{dt^{n-1}} + \cdots + a_{n-1} \frac{dy}{dt} + a_n y$$
$$= b_0 \frac{d^m x}{dt^m} + b_1 \frac{d^{m-1} x}{dt^{m-1}} + \cdots + b_{m-1} \frac{dx}{dt} + b_m x \tag{4.1}$$

で表される．ここで因果性より n と m の間には $n \geq m$ なる関係がある．

[例]

次の RL 直列回路において電圧 $e(t)$ と電流 $i(t)$ の関係は，$t \geq 0$ に対して

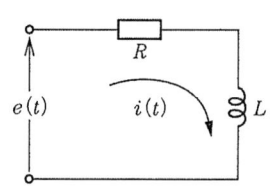

図 4.3 RL 直列回路

$$L \frac{di}{dt} + Ri(t) = e(t)$$

と表される．

4.3 ラプラス変換

ある時間関数 $f(t)$ に対して

$$F(s) = \mathcal{L}\{f(t)\} = \int_0^\infty f(t) e^{-st} dt \tag{4.2}$$

と定義される $F(s)$ を $f(t)$ のラプラス変換という．ここで s は複素数であり，通常 $s = \sigma + j\omega$ と表す．

4.3.1 ラプラス変換の性質

(a) 線形性

$$\mathcal{L}\{af(t) + bg(t)\} = a\mathcal{L}\{f(t)\} + b\mathcal{L}\{g(t)\} \tag{4.3}$$

(b) 微分

$$\mathcal{L}\left\{\frac{df(t)}{dt}\right\} = sF(s) - f(0) \tag{4.4}$$

(c) 積分

$$\mathcal{L}\left\{\int_0^t f(\tau)d\tau\right\} = \frac{F(s)}{s} \tag{4.5}$$

(d) 推移

$$\mathcal{L}\{e^{at}f(t)\} = F(s-a), \quad \text{ここで} \quad F(s) = \mathcal{L}\{f(t)\} \tag{4.6}$$

(e) たたみ込み積分

$$\mathcal{L}\left\{\int_0^t f(\tau)g(t-\tau)d\tau\right\} = F(s)G(s) \tag{4.7}$$

4.3.2 最終値の定理

$$\lim_{s \to 0} sF(s) = \lim_{t \to \infty} f(t) \tag{4.8}$$

4.3.3 ラプラス変換表

$f(t)$	$F(s)$
$1(t)$	$\dfrac{1}{s}$
e^{-at}	$\dfrac{1}{s+a}$
$\sin \omega t$	$\dfrac{\omega}{s^2+\omega^2}$
$\cos \omega t$	$\dfrac{s}{s^2+\omega^2}$

表において $1(t)$ は単位ステップ関数と呼ばれるもので

$$1(t) = \begin{cases} 1 & t \geq 0 \\ 0 & t < 0 \end{cases} \tag{4.9}$$

と定義される.

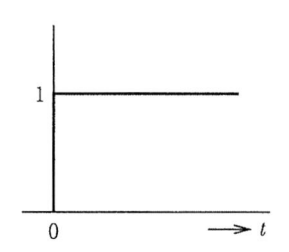

図 4.4 単位ステップ関数

4.3.4 ラプラス逆変換

$F(s)$ から時間関数 $f(t)$ を求めることをラプラス逆変換といい

$$f(t) = \mathcal{L}^{-1}\{F(s)\} \tag{4.10}$$

のように表す.制御工学では $F(s)$ は一般に多項式の比(有理関数)で表されるので,ラプラス逆変換は以下の例で示すように部分分数展開と前節のラプラス変換表を用いて行われる.

[例]

$F(s)$ が

$$F(s) = \frac{1}{s(s+a)} \tag{4.11}$$

で与えられるとき, $F(s)$ を

$$F(s) = \frac{A}{s} + \frac{B}{s+a} \tag{4.12}$$

のように部分分数に展開する.未定係数 A, B の決め方としては,上式を通分して

$$F(s) = \frac{(A+B)s + Aa}{s(s+a)} \tag{4.13}$$

分子の等べきの項を比較して

$$A + B = 0, \quad Aa = 1 \tag{4.14}$$

より

$$A = \frac{1}{a}, \quad B = -\frac{1}{a} \tag{4.15}$$

と求める方法がある．別の方法としては，式 (4.12) の両辺にそれぞれ s, $s+a$ をかけると

$$sF(s) = A + \frac{Bs}{s+a}, \quad (s+a)F(s) = \frac{A(s+a)}{s} + B \tag{4.16}$$

となることから

$$A = sF(s)|_{s=0} = \frac{1}{a}, \quad B = (s+a)F(s)|_{s=-a} = -\frac{1}{a} \tag{4.17}$$

として求める方法がある．部分分数展開が

$$F(s) = \frac{1}{a}\left\{\frac{1}{s} - \frac{1}{s+a}\right\} \tag{4.18}$$

と求まれば，ラプラス変換表によって，$F(s)$ のラプラス逆変換が

$$f(t) = \frac{1}{a}(1 - e^{-at}) \tag{4.19}$$

であることが分かる．

4.4 伝達関数とブロック線図

4.4.1 伝達関数

すべての初期値を 0 としたときの入力のラプラス変換 $X(s)$ と出力のラプラス変換 $Y(s)$ との関係が

$$Y(s) = G(s)X(s) \tag{4.20}$$

であるとき，$G(s)$ を伝達関数という．入出力の関係が式 (4.1) で表される場合は

$$Y(s) = \frac{b_0 s^m + b_1 s^{m-1} + \cdots + b_{m-1} s + b_m}{a_0 s^n + a_1 s^{n-1} + \cdots + a_{n-1} s + a_n} X(s) \tag{4.21}$$

であるので，伝達関数は

$$G(s) = \frac{b_0 s^m + b_1 s^{m-1} + \cdots + b_{m-1} s + b_m}{a_0 s^n + a_1 s^{n-1} + \cdots + a_{n-1} s + a_n} \tag{4.22}$$

となる．

[例]

図 4.3 の RL 直列回路の微分方程式

$$L\frac{di}{dt} + Ri(t) = e(t)$$

の両辺を，すべての初期値を 0 として，ラプラス変換すると．

$$LsI(s) + RI(s) = E(s)$$

を得る．ここで，$I(s) = \mathcal{L}\{i(t)\}$，$E(s) = \mathcal{L}\{e(t)\}$ である．よって，この場合の伝達関数は

$$G(s) = \frac{E(s)}{I(s)} = \frac{1}{Ls + R} \tag{4.23}$$

であることが分かる．

4.4.2　インパルス応答とステップ応答

伝達関数 $G(s)$ のラプラス逆変換を $g(t) = \mathcal{L}^{-1}\{G(s)\}$ とおくと，ラプラス変換の性質 (e) より時間領域での入出力関係は，$g(t)$ と入力 $x(t)$ とのたたみ込み積分で表される．すなわち

$$y(t) = \mathcal{L}^{-1}\{Y(s)\} = \mathcal{L}^{-1}\{G(s)X(s)\} = \int_0^t g(t-\tau)x(\tau)d\tau \tag{4.24}$$

$g(t)$ を重み関数と呼ぶ．重み関数 $g(t)$ は $X(s) = 1$ なる入力に対する出力と考えられるので，$X(s) = 1$ となる入力 $x(t)$ とはどのようなものか考えてみよう．そのために図のような関数を考える．ラプラス変換の定義より

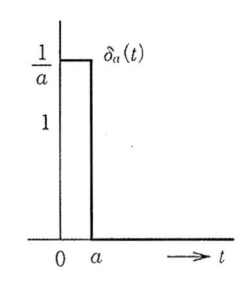

図 **4.5** 単位インパルス

$$\int_0^\infty \delta_a(t)e^{-st}dt = \int_0^a \frac{1}{a}e^{-st}dt = \frac{1}{a}\left[-\frac{1}{s}e^{-st}\right]_0^a = \frac{1-e^{-as}}{as} \tag{4.25}$$

であるので，a を $a \to 0$ とすると

$$\lim_{a\to 0}\mathcal{L}\{\delta_a(t)\} = \lim_{a\to 0}\frac{1-e^{-as}}{as} = 1 \tag{4.26}$$

を得る．したがって，入力として面積が1で幅0，高さ無限大のインパルス状のものを考えると $X(s) = 1$ であることが分かる．このことから，$g(t)$ をインパルス応答（インパルス入力に対する出力）と呼ぶ．

入力として単位ステップ関数 $1(t)$ を加えたときの応答をステップ応答という．ステップ応答を $h(t)$ で表すことにすると

$$h(t) = \mathcal{L}^{-1}\left\{G(s)\cdot\frac{1}{s}\right\} = \mathcal{L}^{-1}\left\{\frac{G(s)}{s}\right\} = \int_0^t g(\tau)d\tau \tag{4.27}$$

であり，ステップ応答はインパルス応答の積分であることが分かる．

4.4.3 基本的な伝達要素

基本的な伝達要素の伝達関数を調べることにしよう．

a. 比例要素 出力 $y(t)$ が入力 $x(t)$ の定数倍で与えられる要素である．

$$y(t) = Kx(t) \tag{4.28}$$

伝達関数は $Y(s) = KX(s)$ より

$$G(s) = K \tag{4.29}$$

である.

b. 積分要素 出力 $y(t)$ が入力 $x(t)$ の積分で与えられる要素である.

$$y(t) = \int_0^t x(\tau)d\tau \tag{4.30}$$

伝達関数は $Y(s) = X(s)/s$ より

$$G(s) = \frac{1}{s} \tag{4.31}$$

である. 積分要素の例としては, 図のような断面積 A の水槽に流量 $x(t)$ で水を貯める場合がある. このときの水位 $y(t)$ は, $y(0) = 0$ とすると

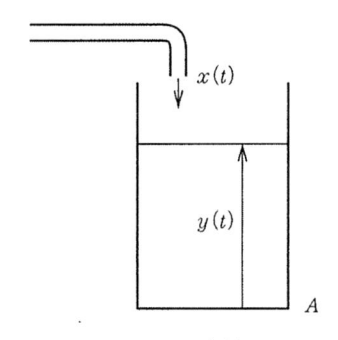

図 4.6 水槽

$$y(t) = \frac{1}{A}\int_0^t x(\tau)d\tau \tag{4.32}$$

であり, 両辺をラプラス変換すると

$$Y(s) = \frac{1}{A} \cdot \frac{1}{s}X(s) \tag{4.33}$$

となる.

c. 1次おくれ要素　出力 $y(t)$ と入力 $x(t)$ の関係が1階の微分方程式で与えられる要素である．

$$T\frac{dy}{dt} + y(t) = x(t) \tag{4.34}$$

伝達関数は，$y(0) = 0$ とすると

$$TsY(s) + Y(s) = X(s)$$

より

$$G(s) = \frac{1}{1 + Ts} \tag{4.35}$$

である．第2章電気回路の過渡現象で述べたように，この T を時定数という．1次おくれ要素の例としては，図4.3の RL 直列回路がある．電圧 $e(t)$ を入力 $x(t)$ とし電流 $i(t)$ を出力 $y(t)$ とすると

$$L\frac{dy}{dt} + Ry(t) = x(t) \tag{4.36}$$

であり，$y(0) = 0$ として両辺をラプラス変換すると

$$LsY(s) + RY(s) = X(s) \tag{4.37}$$

となる．したがって，この場合の伝達関数は

$$G(s) = \frac{1}{Ls + R} = \frac{K}{1 + Ts} \tag{4.38}$$

である．ここで $T = L/R$，$K = 1/R$ である．

d. 2次おくれ要素　出力 $y(t)$ と入力 $x(t)$ の関係が2階の微分方程式で与えられる要素である．

$$\frac{d^2y}{dt^2} + 2\zeta\omega_n\frac{dy}{dt} + \omega_n^2 y(t) = \omega_n^2 x(t) \tag{4.39}$$

伝達関数は，$y(0) = 0$，$\dot{y}(0) = 0$ とすると

$$s^2 Y(s) + 2\zeta\omega_n s Y(s) + \omega_n^2 Y(s) = \omega_n^2 X(s)$$

より

$$G(s) = \frac{\omega_n^2}{s^2 + 2\zeta\omega_n s + \omega_n^2} \tag{4.40}$$

である．ここで ω_n を固有角周波数，ζ を減衰率という．2次おくれ要素の例としては，図 4.7 の LRC 直列回路がある．電圧 $e(t)$ を入力 $x(t)$ とし C での電圧降下 $v_c(t)$ を出力 $y(t)$ とすると

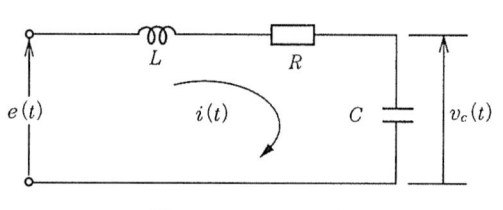

図 4.7 LRC 回路

$$L\frac{di}{dt} + Ri(t) + \frac{1}{C}\int i\,dt = x(t), \quad y(t) = \frac{1}{C}\int i\,dt \tag{4.41}$$

であり，$i(0) = 0$，$\dot{i}(0) = 0$ として両辺をラプラス変換すると

$$Ls^2 I(s) + RI(s) + \frac{1}{Cs}I(s) = X(s), \quad Y(s) = \frac{1}{Cs}I(s) \tag{4.42}$$

となる．したがって，この場合の伝達関数は

$$G(s) = \frac{1}{Cs} \cdot \frac{1}{Ls + R + \dfrac{1}{Cs}} = \frac{1}{LCs^2 + RCs + 1} \tag{4.43}$$

である．ここで

$$\omega_n^2 = \frac{1}{LC}, \quad 2\zeta\omega_n = \frac{R}{L} \tag{4.44}$$

とおけば，式 (4.40) の伝達関数を得ることが分かる．

e. むだ時間要素 ある一定時間 L 後に出力 $y(t)$ に入力 $x(t)$ が現れる要素である．

$$y(t) = x(t - L) \tag{4.45}$$

ラプラス変換の定義より

$$Y(s) = \int_0^\infty x(t-L)e^{-st}dt = \int_0^\infty x(\tau)e^{-s(\tau+L)}d\tau$$
$$= e^{-sL}\int_0^\infty x(\tau)e^{-s\tau}d\tau = e^{-sL}X(s) \tag{4.46}$$

であるので，むだ時間要素の伝達関数は

$$G(s) = e^{-Ls} \tag{4.47}$$

となる．むだ時間要素は，伝達関数が多項式の比ではない典型的な例である．

4.4.4 ブロック線図

式 (4.20) の関係を図に表すと図 4.8 になる．ブロック線図は，このような信号

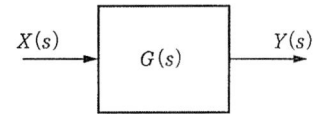

図 **4.8** ブロック線図による入出力関係

を表す矢印，伝達要素を表すブロックに加えて，加え合わせ点と引き出し点 (図 4.9) から構成される線図である．ブロック線図は信号の流れを表すものであり，エネルギーの流れを表すものではないことに注意してほしい．複数の伝達要素か

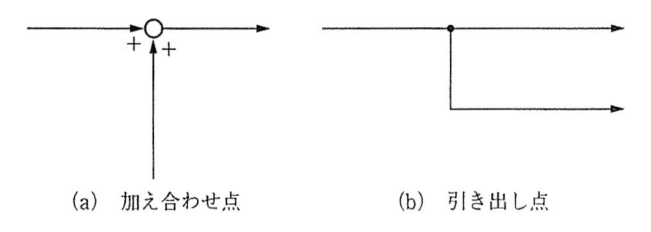

(a) 加え合わせ点　　(b) 引き出し点

図 **4.9** 加え合わせ点と引き出し点

ら構成されるフィードバック制御系を表す複雑なブロック線図は，図 4.10 の結合法則と図 4.11 の等価変換を用いると，ブロック線図を制御系の設計・解析に便利な簡単な形にすることができる．

(a) 直列ブロックの結合

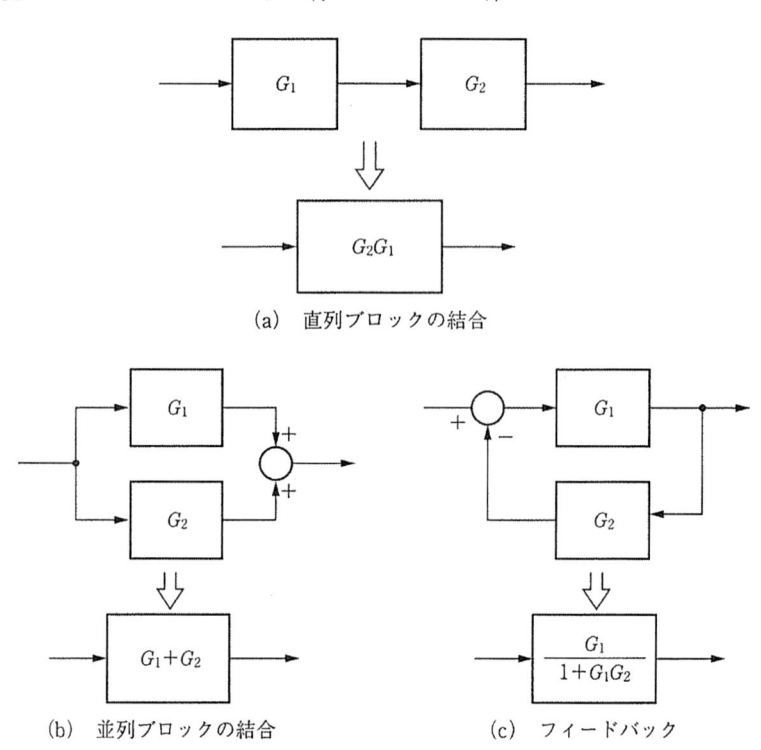

(b) 並列ブロックの結合

(c) フィードバック

図 **4.10** ブロック線図の結合法則

ブロック線図の変換の具体例を以下に示すことにしよう．

[例]

図 4.12 の電気回路を考えよう．この回路に対して次の関係が成り立つ．

$$\left.\begin{array}{ll} i_1 = \dfrac{1}{R_1}(e_i - e_1) & I_1(s) = \dfrac{1}{R_1}(E_i(s) - E_1(s)) \\[6pt] e_1 = \dfrac{1}{C_1}\int (i_1 - i_2)dt & E_1(s) = \dfrac{1}{sC_1}(I_1(s) - I_2(s)) \\[6pt] i_2 = \dfrac{1}{R_2}(e_1 - e_o) & I_2(s) = \dfrac{1}{R_2}(E_1(s) - E_o(s)) \\[6pt] e_o = \dfrac{1}{C_2}\int i_2 dt & E_o(s) = \dfrac{1}{sC_2}I_2(s) \end{array}\right\} \quad (4.48)$$

この関係をブロック線図で表すと図 4.13 のようである．これらをまとめると図

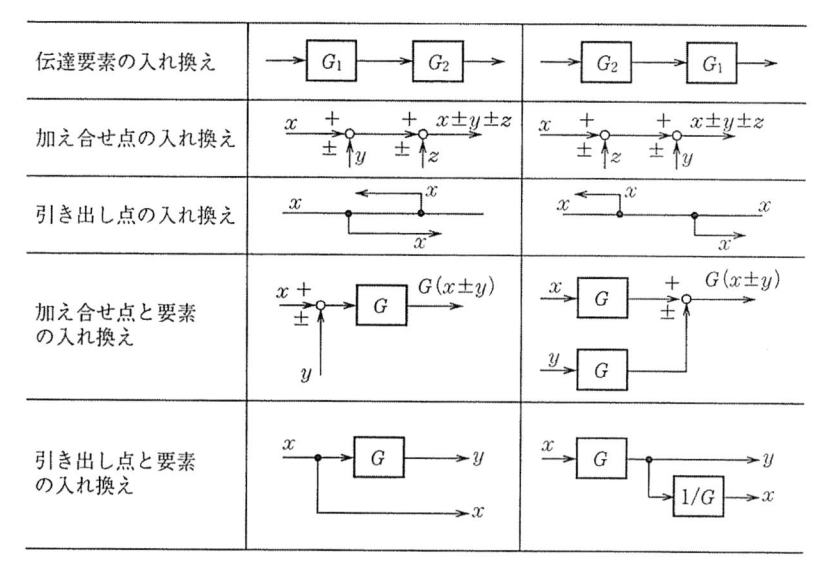

伝達要素の入れ換え	→□G_1→□G_2→	→□G_2→□G_1→
加え合せ点の入れ換え	x + + $x\pm y\pm z$ ±↑y ±↑z	x + + $x\pm y\pm z$ ±↑z ±↑y
引き出し点の入れ換え	x ← x / x	x ← x / x
加え合せ点と要素の入れ換え	x + →□G→ $G(x\pm y)$ ± ↑y	x →□G→ + $G(x\pm y)$ ± ↑ y →□G
引き出し点と要素の入れ換え	x →□G→ y ↓ x	x →□G→ y ↓□$1/G$→ x

図 **4.11** ブロック線図の等価変換

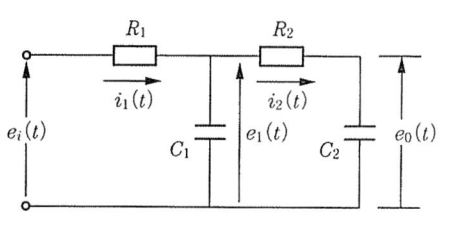

図 **4.12** RC はしご形回路

4.14のようになる．このブロック線図を簡単化する手順を図示すると図4.15のようになる．

4.5 周波数特性

入力 $x(t)$ が正弦波

$$x(t) = \sin\omega t \tag{4.49}$$

の時の出力応答を求めてみよう．$x(t)$ のラプラス変換は

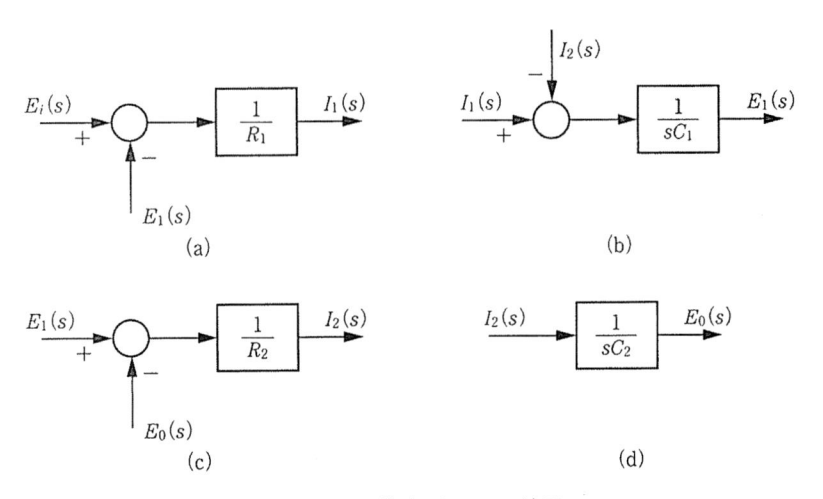

図 4.13 基本ブロック線図

図 4.14 ブロック線図

$$X(s) = \frac{\omega}{s^2 + \omega^2}$$

であるので，伝達関数を $G(s)$ とすると

$$Y(s) = G(s)X(s) = \frac{1}{2j}\left(\frac{G(s)}{s - j\omega} - \frac{G(s)}{s + j\omega}\right)$$

であることより，$Y(s)$ のラプラス逆変換は，たたみ込み積分のラプラス変換の公式を考慮すると

$$y(t) = \frac{1}{2j}\left(\int_0^t g(\tau)e^{j\omega(t-\tau)}d\tau - \int_0^t g(\tau)e^{-j\omega(t-\tau)}d\tau\right)$$

であることが分かる．ここで，$g(t)$ はインパルス応答である．よって

$$\int_0^\infty |g(\tau)|d\tau \leq M_G < \infty \tag{4.50}$$

4.5 周波数特性

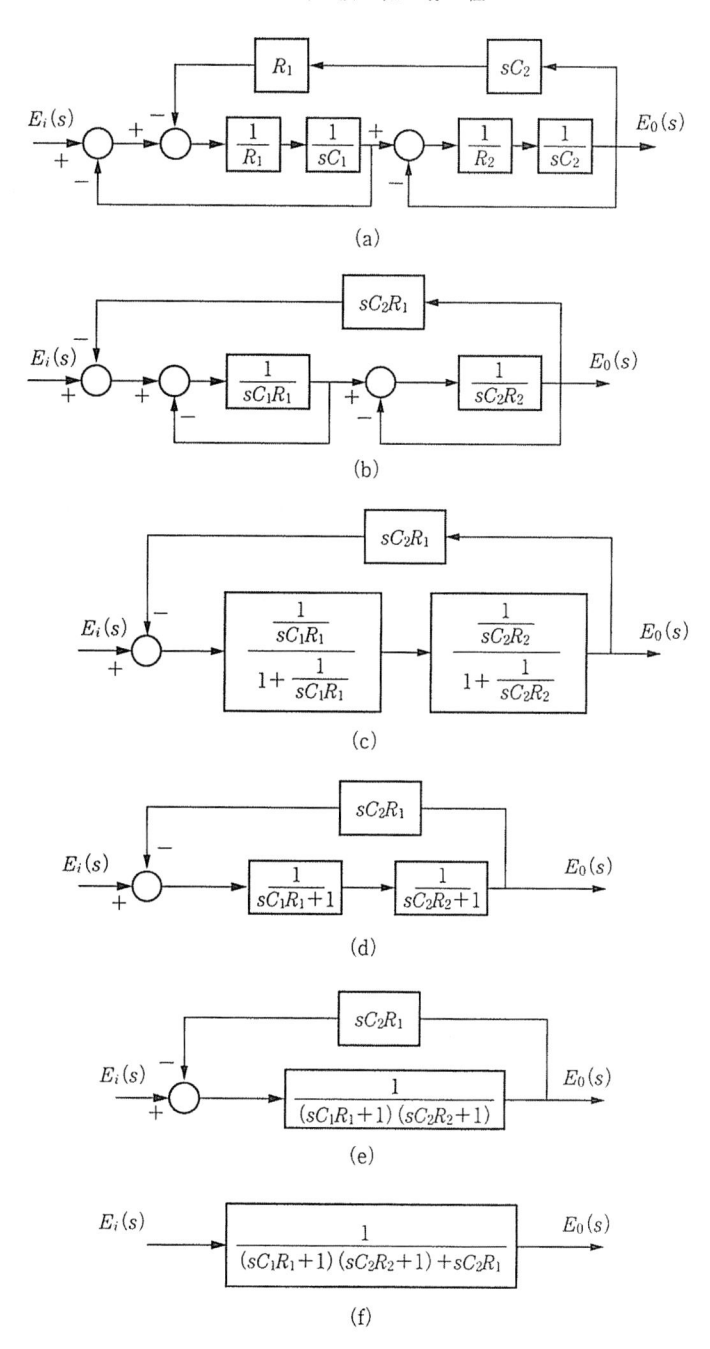

図 4.15 ブロック線図の簡単化

ならば

$$G(\omega) = \int_0^\infty g(\tau)e^{-j\omega\tau}d\tau \tag{4.51}$$

を定義することができ，$t \to \infty$ のとき出力 $y(t)$ が

$$\begin{aligned}
y(t) &= \frac{1}{2j}\left(\int_0^\infty g(\tau)e^{-j\omega\tau}d\tau e^{j\omega t} - \int_0^\infty g(\tau)e^{j\omega\tau}d\tau e^{-j\omega t}\right) \\
&= \frac{1}{2j}\left(G(\omega)e^{j\omega t} - G(-\omega)e^{-j\omega t}\right) \\
&= |G(\omega)|\sin(\omega t - \phi)
\end{aligned} \tag{4.52}$$

のようになる．ここで，ϕ は $G(\omega)$ の偏角である．すなわち，電気回路で述べたように角周波数 ω の正弦波入力に対する定常応答は同じ角周波数 ω の正弦波であり，その振幅と位相は複素数 $G(\omega)$ によって決まる．このことから，$G(\omega)$ を周波数応答と呼ぶことが多い．

伝達関数 $G(s)$ において s を $j\omega$ で置き換えたもの $G(j\omega)$ を周波数伝達関数という．$g(t)$ が式 (4.50) を満たす場合は周波数応答 $G(\omega)$ と周波数伝達関数 $G(j\omega)$ は一致するが，式 (4.50) が満たされない場合は，$G(\omega)$ は計算できないことに注意してほしい．制御工学ではこの周波数伝達関数を広義の周波数応答として，制御系の解析や設計に用いている．

周波数伝達関数 $G(j\omega)$ は複素数の値をとるので，これを図的に表す代表的な表現法にベクトル軌跡（ナイキスト線図）とボード線図がある．ベクトル軌跡は角周波数 ω を 0 から ∞ まで変化させたときの $G(j\omega)$ の軌跡を複素平面上に描いたものである．ボード線図は横軸に $\log\omega$ をとり，ゲイン $g = 20\log|G(j\omega)|$ と位相 $\angle G(j\omega)$ を縦軸として表したものである．

以下では，積分要素，1次おくれ要素および2次遅れ要素についてベクトル軌跡とボード線図を示すことにしよう．

a. 積分要素 伝達関数は $G(s) = 1/s$ であるから，周波数伝達関数は $G(j\omega) = 1/j\omega$ であり

$$|G(j\omega)| = \frac{1}{\omega}, \quad \angle G(j\omega) = -90°$$

4.5 周波数特性

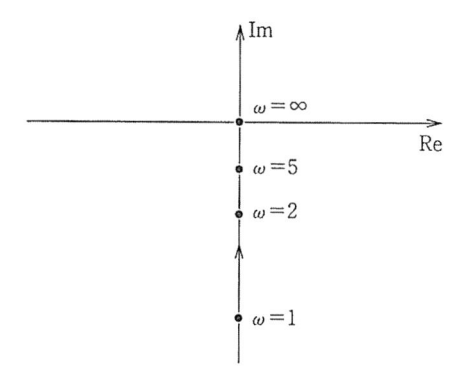

図 4.16 積分要素のベクトル軌跡

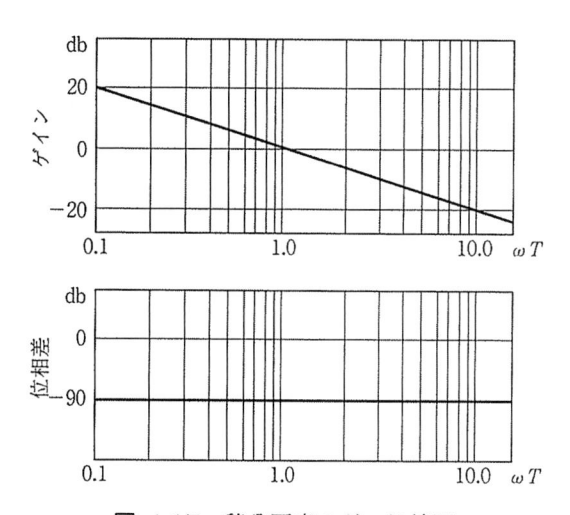

図 4.17 積分要素のボード線図

である.したがって,ベクトル軌跡は図 4.16 のようになる. $g = 20\log_{10}|G(j\omega)| = -20\log_{10}\omega$ であるので,ボード線図は図 4.17 のようである.

b. 1次おくれ要素 伝達関数は $G(s) = 1/(1+Ts)$ であるから,周波数伝達関数は

$$G(j\omega) = \frac{1}{1+j\omega T} = \frac{1}{1+\omega^2 T^2} - j\frac{\omega T}{1+\omega^2 T^2} = x + jy$$

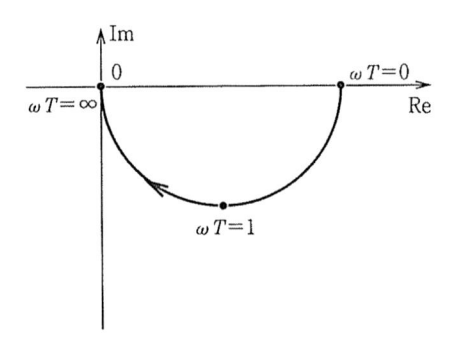

図 4.18 1次おくれ要素のベクトル軌跡

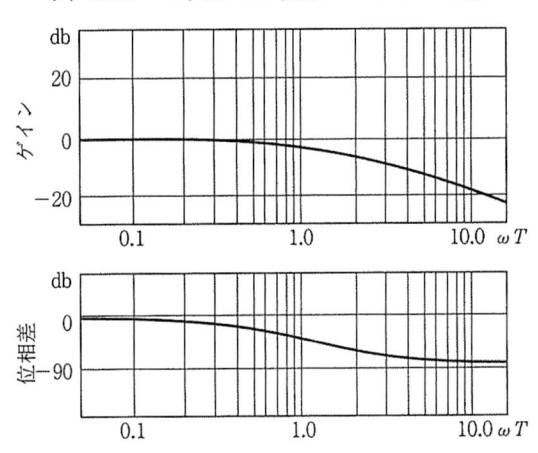

図 4.19 1次おくれ要素のボード線図

であり，実部 x と虚部 y の関係

$$\left(x - \frac{1}{2}\right)^2 + y^2 = \left(\frac{1}{2}\right)$$

を得る．すなわち，ベクトル軌跡は中心 $(1/2, 0)$，半径 $1/2$ の半円である．また，$|1 + j\omega T| = \sqrt{1 + \omega^2 T^2}$, $\angle(1 + j\omega t) = \tan^{-1} \omega T$ であるから

$$g = 20 \log_{10} |G(j\omega)| = -10 \log_{10}(1 + \omega^2 T^2), \quad \angle G(j\omega) = -\tan^{-1} \omega T$$

となる．

$\omega T \ll 1 \quad g = 0$

$$\omega T \gg 1 \quad g = -20\log_{10}\omega T$$

であるので，ゲイン曲線は 2 つの直線で近似される．このような折れ線近似は $\omega T = 1$ なる角周波数でその誤差が最大 $0 - (-10\log_{10} 2) = 10\log_{10} 2 \approx 3$ となる．この $\omega T = 1$ の角周波数 ω_c を折点角周波数という．

c. 2 次おくれ要素 伝達関数は，分母と分子を ω_n^2 で割ると

$$G(s) = \cfrac{1}{1 + 2\zeta\left(\cfrac{s}{\omega_n}\right) + \left(\cfrac{s}{\omega_n}\right)^2}$$

と書けるので，周波数伝達関数は

$$G(j\omega) = \frac{1}{(1-u^2) + j(2\zeta u)} \tag{4.53}$$

となる．ここで $u = \omega/\omega_n$ と置いている．

$$|G(j\omega)| = \frac{1}{\sqrt{(1-u^2)^2 + (2\zeta u)^2}} \tag{4.54}$$

$$\angle G(j\omega) = -\tan^{-1}\frac{2\zeta u}{1-u^2} \tag{4.55}$$

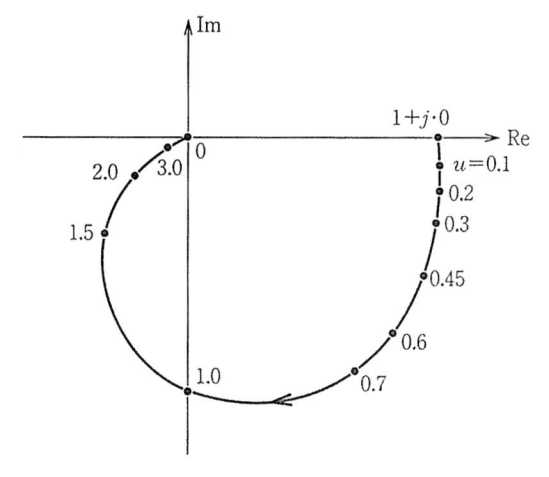

図 **4.20** 2 次おくれ要素のベクトル軌跡

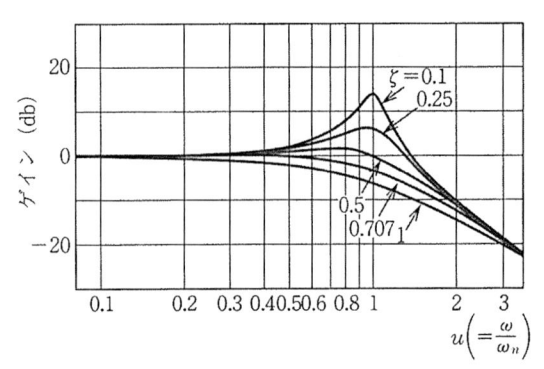

(a) 2次おくれ要素のゲイン曲線

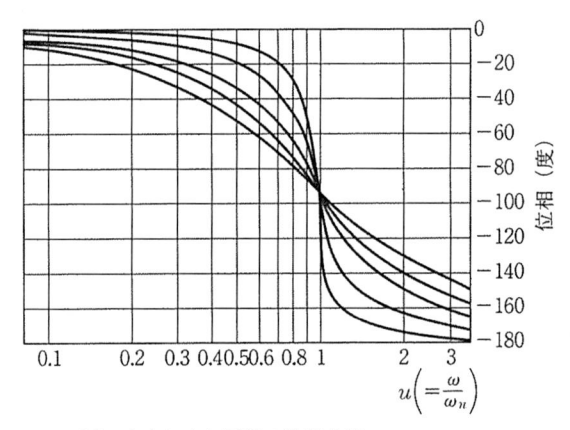

(b) 2次おくれ要素の位相曲線

図 4.21 2次おくれ要素のボード線図

であるので

$$u = 0 \quad |G| = 1 \quad \angle G = 0°$$
$$u = \infty \quad |G| = 0 \quad \angle G = -180°$$

を得る．$u = 1$ のとき $G(j\omega) = -j/2\zeta$ であるから，ベクトル軌跡は $\omega = 0$ で $(1, 0)$ を始点とし，$\omega = \omega_n$ で虚軸上の点 $(0, -1/2\zeta)$ を通過して $w = \infty$ で原点 $(0, 0)$ に到達する．式 (4.54) からゲインは

$$g = -10 \log_{10}\left((1-u^2)^2 + (2\zeta u)^2\right) \tag{4.56}$$

であり

$$u \ll 1 \quad g \approx 0$$
$$u \gg 1 \quad g \approx -40 \log_{10} u$$

を得る．したがって，この場合もゲイン曲線は 2 つの直線で近似される．1 次おくれ要素と異なり，ζ の値によって振幅 $|G(j\omega)|$ にピーク値が現れる．このピーク値を求めてみよう．$m(u)$ を

$$m(u) = (1-u^2)^2 + (2\zeta u)^2$$

と置くと，式 (4.54) より振幅は

$$|G(j\omega)| = \frac{1}{\sqrt{m(u)}}$$

と表される．$1 - 2\zeta^2 > 0$ ならば

$$\begin{aligned} m(u) &= \left(u^2 - (1-2\zeta^2)\right)^2 + 1 - (1-2\zeta^2)^2 \\ &= \left(u^2 - (1-2\zeta^2)\right)^2 + (2\zeta)^2(1-\zeta^2) \end{aligned}$$

より

$$u = \sqrt{1 - 2\zeta^2} \tag{4.57}$$

のとき，$m(u)$ は最小値 $(2\zeta)^2(1-\zeta^2)$ をとる．よって，振幅のピーク値が

$$M_p = \frac{1}{2\zeta\sqrt{1-\zeta^2}} \tag{4.58}$$

であることが分かる．

4.6 安定性

4.6.1 BIBO 安定

図 4.8 において，入力 $x(t)$ が $|x(t)| \leq M_x < \infty$ であるとき，出力 $y(t)$ が $|y(t)| \leq M_y < \infty$ ならば線形システムは有界入力有界出力 (BIBO) 安定である

という．入出力はインパルス応答によって

$$y(t) = \int_0^t g(t-\tau)x(\tau)d\tau$$

と表されるから，BIBO 安定であることと式 (4.50) の条件が成り立つこととは等価である．式 (4.22) の伝達関数 $G(s)$ の分母多項式を

$$D(s) = a_0 s^n + a_1 s^{n-1} + \cdots + a_{n-1} s + a_n \tag{4.59}$$

と表すとき，伝達関数 $G(s)$ で表されるシステムが BIBO 安定であるための必要条件は，$D(s) = 0$ を満たすすべての s の実部が負であることである．$D(s) = 0$ を満たす s を伝達関数 $G(s)$ の極と呼ぶので，この条件はすべての極の実部が負であることということができる．解と係数の関係から

係数 $a_0, a_1, \cdots, a_{n-1}, a_n$ がすべて存在して，同符号

が BIBO 安定の必要条件であることが分かる．

4.6.2 安定判別

$D(s) = 0$ を満たす s を求めることなく，$D(s)$ の係数から BIBO 安定であるかどうかを判別する方法に，ラウスの方法とフルビッツの方法の二つがある．
ラウスの方法

$n = 5$（奇数）と $n = 6$（偶数）の場合について，ラウス配列の作り方を具体的に示すことにする．$n = 5$ のとき第 1 行と第 2 行を

$$\begin{array}{c|ccc} s^5 & a_0 & a_2 & a_4 \\ s^4 & a_1 & a_3 & a_5 \end{array}$$

と置いて，第 3 行目と第 4 行目を

$$\begin{array}{c|ccc|c} s^3 & b_1 = a_2 - \alpha_1 a_3 & b_2 = a_4 - \alpha_1 a_5 & & \alpha_1 = \dfrac{a_0}{a_1} \\ s^2 & c_1 = a_3 - \beta_1 b_2 & c_2 = a_5 - \beta_1 \times 0 = a_5 & & \beta_1 = \dfrac{a_1}{b_1} \end{array}$$

第 5 行目と第 6 行目を

$$\begin{array}{c|cc|c} s^1 & d_1 = b_2 - \gamma_1 c_2 & & \gamma_1 = \dfrac{b_1}{c_1} \\ s^0 & e_1 = c_2 - \delta_1 \times 0 = a_5 & & \delta_1 = \dfrac{c_1}{d_1} \end{array}$$

4.6 安定性

と求める．

$n=6$ のときは第1行と第2行を

$$\begin{array}{c|cccc} s^6 & a_0 & a_2 & a_4 & a_6 \\ s^5 & a_1 & a_3 & a_5 & \end{array}$$

と置いて，第3行目から第4行目を

$$\begin{array}{c|cc} s^4 & b_1 & b_2 \\ s^3 & c_1 & c_2 = a_5 - \beta_1 b_3 \end{array} \quad b_3 = a_6 - \alpha_1 \times 0 = a_6 \quad \left|\begin{array}{l} \alpha_1 = \dfrac{a_0}{a_1} \\ \beta_1 = \dfrac{a_1}{b_1} \end{array}\right.$$

第5行目と第6行目を

$$\begin{array}{c|c} s^2 & d_1 \\ s^1 & e_1 = c_2 - \delta_1 d_2 \end{array} \quad d_2 = b_3 - \gamma_1 \times 0 = b_3 \quad \left|\begin{array}{l} \gamma_1 = \dfrac{b_1}{c_1} \\ \delta_1 = \dfrac{c_1}{d_1} \end{array}\right.$$

と求める．第7行目は容易に分かるように

$$s^0 \;\Big|\; f_1 = d_2 = b_3 = a_6$$

である．このようにして求めた配列

$$\begin{array}{c|ccc} s^5 & \boldsymbol{a_0} & a_2 & a_4 \\ s^4 & \boldsymbol{a_1} & a_3 & a_5 \\ s^3 & \boldsymbol{b_1} & b_2 & \\ s^2 & \boldsymbol{c_1} & c_2 & \\ s^1 & \boldsymbol{d_1} & & \\ s^0 & \boldsymbol{e_1} & & \end{array} \qquad \begin{array}{c|cccc} s^6 & \boldsymbol{a_0} & a_2 & a_4 & a_6 \\ s^5 & \boldsymbol{a_1} & a_3 & a_5 & \\ s^4 & \boldsymbol{b_1} & b_2 & b_3 & \\ s^3 & \boldsymbol{c_1} & c_2 & & \\ s^2 & \boldsymbol{d_1} & d_2 & & \\ s^1 & \boldsymbol{e_1} & & & \\ s^0 & \boldsymbol{f_1} & & & \end{array}$$

の第1列の要素がすべて同符号の時，BIBO 安定である．

フルビッツの方法

係数が $a_0 > 0$ と規格化されているとする．ラウスの方法の場合と同様に $n=5$（奇数）と $n=6$（偶数）の場合について，フルビッツの方法による安定判別を具

体的に示すことにする．$n=5$ のとき 5 次のフルビッツ行列を

$$H_5 = \begin{bmatrix} a_1 & a_3 & a_5 & 0 & 0 \\ a_0 & a_2 & a_4 & 0 & 0 \\ 0 & a_1 & a_3 & a_5 & 0 \\ 0 & a_0 & a_2 & a_4 & 0 \\ 0 & 0 & a_1 & a_3 & a_5 \end{bmatrix}$$

のように構成する．次に，首座小行列式を

$$\Delta_1 = a_1, \quad \Delta_2 = \begin{vmatrix} a_1 & a_3 \\ a_0 & a_2 \end{vmatrix}, \quad \Delta_3 = \begin{vmatrix} a_1 & a_3 & a_5 \\ a_0 & a_2 & a_4 \\ 0 & a_1 & a_3 \end{vmatrix}$$

$$\Delta_4 = \begin{vmatrix} a_1 & a_3 & a_5 & 0 \\ a_0 & a_2 & a_4 & 0 \\ 0 & a_1 & a_3 & a_5 \\ 0 & a_0 & a_2 & a_4 \end{vmatrix}, \quad \Delta_5 = a_5 \Delta_4$$

と計算する．このとき，$\Delta_1, \Delta_2, \Delta_3, \Delta_4, \Delta_5$ がすべて正ならば BIBO 安定である．なお，$\Delta_5 = a_5 \Delta_4$ であるので，$a_5 > 0$ より Δ_5 は Δ_4 と同符号である．

$n=6$ のときは 6 次のフルビッツ行列を

$$H_6 = \begin{bmatrix} a_1 & a_3 & a_5 & 0 & 0 & 0 \\ a_0 & a_2 & a_4 & a_6 & 0 & 0 \\ 0 & a_1 & a_3 & a_5 & 0 & 0 \\ 0 & a_0 & a_2 & a_4 & a_6 & 0 \\ 0 & 0 & a_1 & a_3 & a_5 & 0 \\ 0 & 0 & a_0 & a_2 & a_4 & a_6 \end{bmatrix}$$

のように構成する．この場合も H_6 の形から明らかなように $\Delta_6 = a_6 \Delta_5$ であるから，Δ_5 まで首座小行列式を計算すれば安定判別をすることができる．

4.7 フィードバック制御系の特性

基本的なフィードバック制御系をブロック線図で表すと図 4.22 のようである．ここで，$r(t)$ と $c(t)$ は直接比較可能すなわち $r(t)$ と $c(t)$ との引き算が意味を持

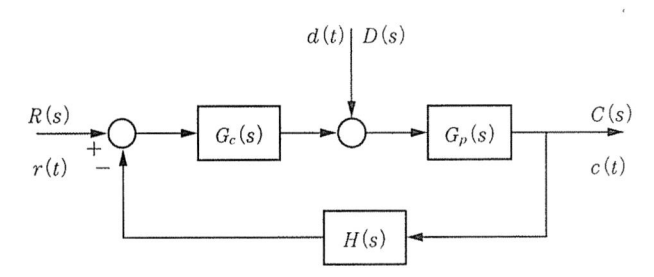

図 4.22 基本的フィードバック制御系のブロック線図

つ場合を考察する．この場合制御偏差 $e(t)$ は $e(t) = r(t) - c(t)$ と定義される．$t \to \infty$ のとき $e(t)$ が一定値に収束すれば，その値を定常偏差という．制御系では安定であることの次に定常偏差が小さいことが要求される．

図 4.22 より

$$C(s) = G_p(s)\left(G_c(s)(R(s) - H(s)C(s)) + D(s)\right)$$

であるから，整理すると

$$C(s) = \frac{G_p(s)G_c(s)}{1+L(s)}R(s) + \frac{G_p(s)}{1+L(s)}D(s) \tag{4.60}$$

を得る．ここで

$$L(s) = G_p(s)G_c(s)H(s) \tag{4.61}$$

と置いている．この $L(s)$ を一巡伝達関数という．一般に $L(s)$ は

$$L(s) = \frac{N_1(s)}{s^\ell D_1(s)}, \quad \ell \geq 0 \tag{4.62}$$

と表される.ただし,多項式 $D_1(s)$ と $N_1(s)$ は 0 という零点を持たない.すなわち $D_1(0) \neq 0$, $N_1(0) \neq 0$ である. s の指数 ℓ を制御系の型といい,このような一巡伝達関数を持つ制御系を ℓ 型の制御系という.

4.7.1 定 常 特 性

目標値の変化に対する定常偏差を考察するために外乱 $D(s)$ を 0 とすると,制御偏差 $E(s)$ は

$$E(s) = R(s) - C(s) \tag{4.63}$$

であるから

$$E(s) = \left\{1 - \frac{G(s)}{1+L(s)}\right\} R(s) \tag{4.64}$$

となる.ただし,$G(s) = G_p(s)G_c(s)$ と置いている.一般に $R(s)$ として

(a) $\dfrac{A}{s}$ ステップ関数 $A \cdot 1(t)$

(b) $\dfrac{B}{s^2}$ ランプ関数 Bt

(c) $\dfrac{C}{s^3}$ 加速度関数 $\dfrac{C}{2}t^2$

を用いたときの定常偏差が制御系の定常特性を評価するものとして用いられている.

(a) ステップ関数 この場合は偏差は式 (4.64) より

$$E(s) = \left\{1 - \frac{G(s)}{1+L(s)}\right\} \frac{A}{s} \tag{4.65}$$

であり,最終値の定理より

$$\varepsilon_p = \lim_{s \to 0} sE(s) = A\left\{1 - \frac{G(0)}{1+L(0)}\right\} \tag{4.66}$$

を得る.この ε_p を定常位置偏差という.直結フィードバックすなわち $H(s) = 1$ のときは $L(s) = G(s)$ であるので,定常位置偏差は

$$\varepsilon_p = \frac{A}{1+L(0)} \tag{4.67}$$

となる. $\ell = 0$ すなわち 0 型の制御系の場合は $K_p = L(0)$ は有限の値となり, 定常位置偏差は 0 とはならない. $\ell \geq 1$ すなわち 1 型以上の場合は $L(0) = \infty$ となるので, 定常位置偏差は 0 となる.

(b) **ランプ関数** この場合は偏差は (4.64) 式より

$$E(s) = \left\{1 - \frac{G(s)}{1 + L(s)}\right\} \frac{B}{s^2} \tag{4.68}$$

であり, この場合も最終値の定理が適用できて定常速度偏差 ε_v が

$$\varepsilon_v = \lim_{s \to 0} sE(s) = \lim_{s \to 0} \left\{ \left[1 - \frac{G(s)}{1 + L(s)}\right] \frac{B}{s} \right\} \tag{4.69}$$

によって求められる. $H(s) = 1$ のときは

$$\varepsilon_v = \lim_{s \to 0} sE(s) = \lim_{s \to 0} \frac{B}{s + sL(s)} = \frac{B}{\lim_{s \to 0} sL(s)} \tag{4.70}$$

となり, 0 型のときは $\lim_{s \to 0} sL(s) = 0$ より ε_v は ∞ となる. 1 型の場合 $\lim_{s \to 0} sL(s)$ は有限の値 K_v となり ε_v は一定値になる. $\ell \geq 2$ すなわち 2 型以上の場合は $\lim_{s \to 0} sL(s) = \infty$ となるので, 定常速度偏差は 0 となる.

(c) **加速度関数** この場合は偏差は式 (4.64) より

$$E(s) = \left\{1 - \frac{G(s)}{1 + L(s)}\right\} \frac{C}{s^3} \tag{4.71}$$

であり, この場合も最終値の定理が適用できて定常加速度偏差 ε_a が

$$\varepsilon_a = \lim_{s \to 0} sE(s) = \lim_{s \to 0} \left\{ \left[1 - \frac{G(s)}{1 + L(s)}\right] \frac{C}{s^2} \right\} \tag{4.72}$$

によって求められる. $H(s) = 1$ のときは

$$\varepsilon_a = \lim_{s \to 0} sE(s) = \lim_{s \to 0} \frac{C}{s^2 + s^2 L(s)} = \frac{C}{\lim_{s \to 0} s^2 L(s)} \tag{4.73}$$

となり, 0 および 1 型のときは $\lim_{s \to 0} s^2 L(s) = 0$ より ε_v は ∞ となる. 2 型の場合 $\lim_{s \to 0} s^2 L(s)$ は有限の値 K_a となり ε_a は一定値になる. $\ell \geq 3$ すなわち 3 型以上の場合は $\lim_{s \to 0} s^2 L(s) = \infty$ となるので, 定常加速度偏差は 0 となる.

以上の議論をまとめると表 4.1 のようになる.

表 4.1 制御系の型と定常偏差

制御系の型	入 力		
	ステップ	ランプ	加速度
0	$A/(1+K_p)$	∞	∞
1	0	B/K_v	∞
2	0	0	C/K_a
3	0	0	0

外乱に対する定常偏差を考察するために目標値 $R(s)$ を 0 とすると，制御偏差 $E(s)$ は

$$E(s) = -\frac{G_p(s)}{1+L_1(s)G_p(s)}D(s) \tag{4.74}$$

となる．ただし，$L_1(s) = G_c(s)H(s)$ と置いている．最終値の定理より定常偏差は

$$\lim_{t\to\infty} e(t) = -\lim_{s\to 0}\frac{1}{\frac{1}{G_p(s)}+L_1(s)}sD(s) \tag{4.75}$$

であり，一般に $\lim_{s\to 0} 1/G_p(s)$ は 0 か有限の値をとるので，$L_1(s)$ を $L(s)$ におきかえれば目標値に対すると同様の議論が適用できる．

4.7.2 過渡特性

定常偏差が制御目的にとって十分に小さくなったとしても，定常状態に達するまでに時間がかかりすぎては良好な制御系とはいえない．そこで過渡特性を検討する必要が出てくる．

過渡特性は単位ステップ応答で検討する場合が多く，図 4.23 に示す諸量のうち立ち上がり時間，整定時間，遅れ時間が速応性の目安として用いられている．以下に図に示した諸量の定義を述べる．

a) 立ち上がり時間 T_r　　ステップ応答が最終値の 10 ％から 90 ％に達するまでの時間

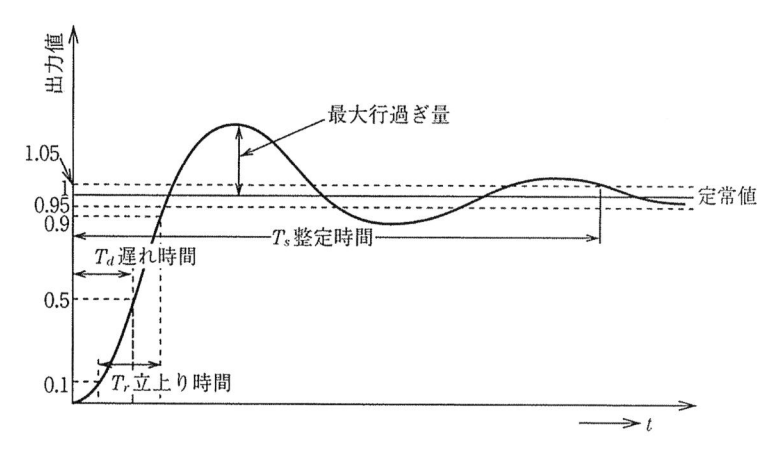

図 **4.23** ステップ応答に関する諸量

b) **遅れ時間** T_d　ステップ応答が最終値の 50 % に達するまでの時間
c) **整定時間** T_s　ステップ応答が最終値の ±5 %（あるいは ±2 %）に収まるまでの時間
d) **最大行き過ぎ量**　ステップ応答の最大値と最終値との差．通常

$$\frac{最大値 - 最終値}{最終値} \times 100$$

で評価され，安定度の目安となる．

4.8　フィードバック制御系の設計

　フィードバック制御系の設計は，安定性，速応性，定常性に対する仕様を満たすように，補償器（制御器）を設計することである．サーボ機構は制御対象そのものが容易に測定でき，伝達関数が決定しやすいので，かなり高度な要求に沿うように個別に詳細な設計ができる．一方，プロセス制御では制御対象，すなわちプラントの特性が複雑で求めることが難しく，汎用の調節計を用いることが一般的であり，調節計内のパラメータを経験的あるいは実験的に得られた好ましい値に設定して用いるので，サーボ機構とその取扱い方が異なる．

4.8.1 サーボ機構

定常偏差 (ε_p, ε_v) や速応性などに対する仕様を一巡伝達関数 $L(s)$ に対する仕様に近似的に変換して，この仕様を満たすように補償器によって $L(s)$ の周波数特性を整形する．補償法には直列補償法とフィードバック補償法がある．

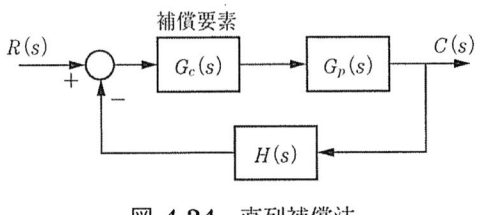

図 4.24 直列補償法

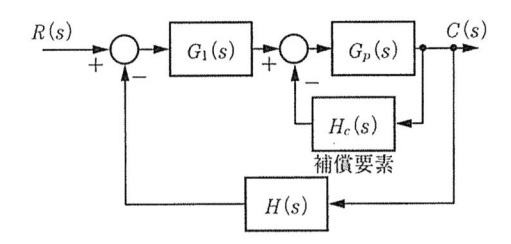

図 4.25 フィードバック補償法

直列補償で用いられる補償要素にはゲイン補償要素，位相おくれ補償要素，位相すすみ補償要素がある．定常特性をよくするための最も簡単な補償要素は，ゲイン補償要素であり，一巡伝達関数のゲインを大きくすることによりボード線図のゲイン特性曲線を上に平行移動させる．これにより低周波数領域でのゲインが大きくなって定常特性は改善される．しかし，ゲインだけの変化では位相特性曲線は変わらないので，ゲインを大きくしすぎると過渡特性は悪化し，安定度が悪くなる．逆にゲインを下げて安定度の改善を図ると，過渡特性はよくなるがその反面定常特性が劣化する．このように定常特性と過渡特性を同時に改善することは，ゲインの調整だけではできない．

そこで，ゲインを上げることにより安定度が悪化したときに，低周波領域のゲインはそのままで，高周波数領域でゲインを下げることによって安定度を向上さ

せる補償が考えられる．このような補償を達成する低域通過特性の補償要素が位相おくれ補償要素である．

一方，ゲインの調整だけでは速応性が十分でない場合は，通過帯域を広げて応答速度を改善する目的で高域通過特性の位相すすみ補償要素を用いることになる．

位相おくれあるいはすすみ補償要素の伝達関数は

$$G_c(s) = \frac{1+sT_b}{1+sT_a} \tag{4.76}$$

であり，$T_a > T_b$ ならば位相おくれ，$T_a < T_b$ ならば位相すすみである．

制御対象の特性によっては，図 4.25 のように局所的なフィードバックループに補償器 $H_c(s)$ を置くことが都合のよい場合がある．制御対象の特性を変える目的で局所フィードバックを施すのであるが，このフィードバックにより制御対象のパラメータ変動の影響を軽減できるという副次的な効果がある．一巡伝達関数は

$$L(s) = \frac{G_c(s)G_p(s)H(s)}{1+G_p(s)H_c(s)} = \frac{G_c(s)}{1+G_p(s)H_c(s)} G_p(s)H(s) \tag{4.77}$$

であるので，制御対象に対して $G_c(s)/(1+G_p(s)H_c(s))$ という補償要素を用いた直列補償と形式的に等価である．しかし，一巡伝達関数は $G_p(s)$ と $H_c(s)$ との積の形で表されないので，一般にフィードバック補償の設計は直列補償ほど容易ではない．

4.8.2 プロセス制御

一般にプロセス制御系ではプラントは非常に複雑で，その動特性の正確なモデルを理論的に求めることが困難な場合が多い．そこでサーボ機構のようなモデルに基づいた設計による補償ではなく，プロセスを

$$\left.\begin{array}{rl} G_p(s) &= \dfrac{Ke^{-sL}}{1+Ts} \quad \text{（1 次おくれ＋むだ時間）} \quad \text{定位プロセス} \\ G_p(s) &= K\dfrac{e^{-sL}}{s} \quad \text{（積分＋むだ時間）} \quad\quad\quad \text{無定位プロセス} \end{array}\right\} \tag{4.78}$$

で近似して，このような粗い近似のモデルに基づいて，市販の PID 調節計

$$G_c(s) = K_P \left(1 + \frac{1}{T_I s} + T_D s\right) \tag{4.79}$$

のパラメータを設定することが行われている．ここで定位プロセスとは，ステップ応答が一定の値に落ち着くプロセスであり，無定位プロセスは時間とともにステップ応答が増大するプロセスである．PID調節計の伝達関数において，パラメータ K_P, T_I および T_D をそれぞれ比例ゲイン，積分時間，微分時間と呼ぶ．$G_c(s)$ は K_P のみの場合 P 動作，$T_D = 0$ とすると PI 動作 $K_P(1 + 1/T_I s)$, $T_I = \infty$ とすると PD 動作 $K_P(1 + T_D s)$ となる．したがって PD 動作は位相すすみに

$$K_P\left(1 + \frac{1}{T_I s}\right) = \frac{K_I(1 + T_I s)}{T_I s}$$

より，PI 動作は位相おくれに，また PID 動作は位相すすみおくれに対応している．

演習問題

4.1 下図の回路について伝達関数 $G(s) = V_o(s)/V_i(s)$ を求めよ．

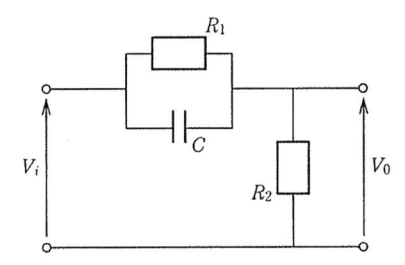

4.2 下図の回路に対して伝達関数 $G(s) = V_o(s)/V_i(s)$ を求めよ．

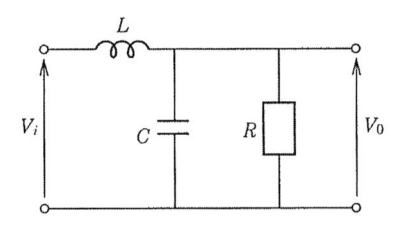

4.3 下図のブロック線図を簡単化せよ．

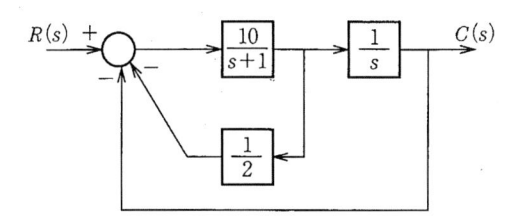

4.8 フィードバック制御系の設計

4.4 次の伝達関数 $G(s)$ の部分分数展開を求めよ．

(a) $G(s) = \dfrac{1}{(s+2)(s+3)}$

(b) $G(s) = \dfrac{s+4}{(s+2)(s+3)}$

(c) $G(s) = \dfrac{3s+7}{(s+1)(s+2)(s+3)}$

(d) $G(s) = \dfrac{s^2+4s+5}{(s+1)(s+2)(s+3)}$

(e) $G(s) = \dfrac{18s+30}{s(s+2)(s+5)}$

(f) $G(s) = \dfrac{s^2+4s+5}{s(s+2)(s+5)}$

(g) $G(s) = \dfrac{1}{s^3+4s^2+5s+2}$

(h) $G(s) = \dfrac{s+2}{s^2+2s+5}$

4.5 次の $Y(s)$ に対して，$y(t) = \mathcal{L}^{-1}\{Y(s)\}$ を求めよ．

(a) $Y(s) = \dfrac{4}{s(s+1)(s+2)}$

(b) $Y(s) = \dfrac{s+4}{s(s+1)(s+2)}$

(c) $Y(s) = \dfrac{2s+1}{(s+2)^2(s+5)}$

(d) $Y(s) = \dfrac{5s+1}{(s+2)(s+5)^2}$

(e) $Y(s) = \dfrac{3}{(s+2)(s+5)}$

(f) $Y(s) = \dfrac{s+8}{(s+2)(s+5)}$

(g) $Y(s) = \dfrac{18s+30}{s(s+2)(s+5)}$

(h) $Y(s) = \dfrac{s^2+4s+5}{s(s+2)(s+5)}$

4.6 分母多項式 $D(s)$ が次のように与えられるときの安定性を判別せよ．

(a) $D(s) = s^3 + 2s^2 + 4s + 6$

(b) $D(s) = s^4 + 5s^3 + 7s^2 + 5s + 3$

(c) $D(s) = s^4 + 2s^3 + 3s^2 + 2s + 5$

(d) $D(s) = s^4 + s^3 + 5s^2 + 2s + 4$

(e) $D(s) = s^4 + 4s^3 + 5s^2 + 4s + 1$

(f) $D(s) = s^4 + s^3 + 11s^2 + s + 5$

(g) $D(s) = s^5 + s^4 + 6s^3 + 5s^2 + 4s + 3$

(h) $D(s) = s^5 + 4s^4 + 7s^3 + 24s^2 + 26s + 100$

(i) $D(s) = s^5 + 2s^4 + 5s^3 + 4s^2 + 6s + 6$

4.7 下図のブロック線図において伝達関数 $G(s) = C(s)/R(s)$ を求めよ．また単位ステップ応答の最終値が 2，時定数が 0.4 となるような K_1，K_2 の値を求めよ．

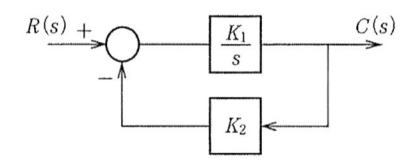

4.8 下図のシステムが安定であるような K の値の範囲を求めよ．

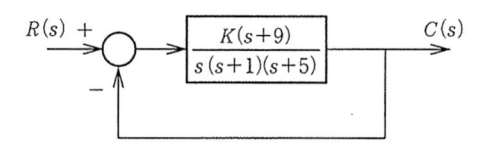

4.9 下図のシステムが安定であるような k の値の範囲を求めよ．

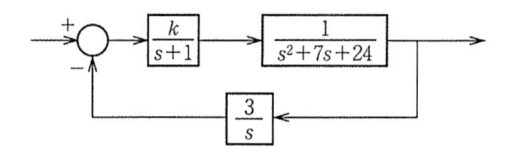

4.10 下図において
 (a) $G_c(s) = k_c$ のとき定常位置偏差を求めよ．
 (b) $G_c(s) = 1/T_i s$ のとき安定であるような T_i の値の範囲を求めよ．
 (c) (b) において定常位置偏差を求めよ．

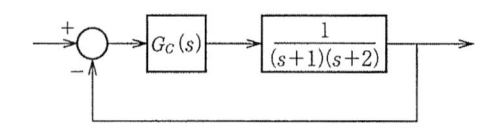

4.11 下図において，$G(s)$ が下記のときの定常位置偏差および定常速度偏差を求めよ．

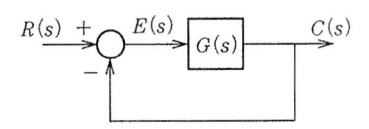

$$R(s) \xrightarrow{+} \bigcirc \xrightarrow{E(s)} \boxed{G(s)} \xrightarrow{C(s)}$$

(a) $G(s) = \dfrac{10}{(s+1)(s+3)}$

(b) $G(s) = \dfrac{10}{s(s+1)(s+6)}$

(c) $G(s) = \dfrac{7(s+2)}{s^2(s+6)}$

(d) $G(s) = \dfrac{6s^2 + 2s + 10}{s(s^2+4)}$

5 コンピュータと情報処理

5.1 コンピュータ誕生とその基礎概念

5.1.1 計算する機械・道具

人類は計算を行う道具・機械を用いた歴史は古く，算盤やAbacusといった計算機械は，有史以前のものが現存している．計算する機械の発明における大きなステップは，1617年にネピア (John Napier;1550〜1617) による対数の理論と，計算尺の原型の発明，パスカル (Blaise Pascal;1623〜1662) による歯車式のパスカリーヌ計算機，そしてそれを改良した1673年のライプニッツ (Gottfried W. Leibniz;1646〜1716) 横型ドラム方式の回転計算機があげられる．ライプニッツの手動計算機は，手動で歯車を回して計算を行うもので，電卓が登場する1970年代まで改良を重ねて使われていた．

5.1.2 コンピュータを生み出した概念・理論

バベッジ (Charles Babbage;1791〜1871) は，コンピュータの原形となった階差機関，解析機関を発明し，その処理装置や記憶装置といった概念は，現在のコンピュータの基本構造を予言するものであった．この予言により，バベッジはコンピュータの父と呼ばれている．

一方，電気的な計算機を産み出す上で重要だった理論的アプローチとしては，ブール (Jeorgs S. Boole;1815〜1864) が構築したブール代数学，チューリング (Alan M. Turing;1912〜1954) による仮想論理機械 (チューリングマシン) の計算機理論である．

現在のコンピュータを語る上でもう一つ重要な概念として，ノイマン (John von Neumann;1903〜1957) が提唱したプログラム内蔵方式 (ストアド・プログラム

方式)がある．これは，当時主流であった外部からの配線・スイッチによって外部からプログラムを与える方式ではなく，計算機の持つ記憶装置にプログラムそのものも記憶し，これを逐次読み出して実行するというもので，その後ノイマン型コンピュータと呼ばれた．記憶領域にプログラムをおくことにより，プログラミングにコンピュータの機能を活用したり，コンピュータが動的にプログラムを切替えたり書換えるなど，より柔軟な思考を行う事が可能になる[†]．

5.1.3 汎用電子計算機の誕生

1938年にシャノン (Claude E. Shannon;1916〜) が電気リレーを用いたブール代数操作についての考案を発表したことで，ブールとチューリングの理論を踏襲した，電気計算機が作られるようになる．電気リレーを用いた計算機はある程度高速であったが，さらに高い速度を達成するため，電気リレーを真空管で置き換えた計算機がアメリカではじめて誕生した．1946年にペンシルバニア大学で弾道計算の目的で開発された電子汎用計算機 ENIAC(Electronic Numerical Integrator and Calculator) である．真空管数約18000本，重量30トン，消費電力100〜170kW という巨大な計算機であった．ENIAC はノイマン型ではなく10進数の計算機であったが，その後ノイマンの参画で，2進数・ノイマン型である EDVAC(Electronic Discrete Variable Arithmetic Computer) が開発され，本格的なコンピュータ[††]の開発時代が幕を開けた．

_____ コーヒーブレイク _____

ディジタル電子計算機にまつわる，最初の発明者はだれか？ということに関してはいろいろな逸話があります．まず，シャノンの電気回路による論理演算記述については，その2年前に日本の電信電話学会誌に発表された「継電器回路に於ける単部分路の等価変換の理論」の影響がある，とする人もいるようです．ノイマンが提唱したとされるストアドプログラム方式も，当時複数の人が気づいていたとされ，発案者がだれかについては諸説あるようです．当の電子計算機の開発についても，ジョン・V・アナタコフが1939年に最初の電子ディジタル計算機 ABC を開発したとして，ENIAC の開発者ジョン・モークリーとプレスパー・エッカートを訴えて勝訴し，アメリカにおいては法律的に最初の開発者であることが認められています．チューリングもイギリスにおいて暗号解読機コロッサスを1943年に開発し，これは原理的にディジタル電子計算機と同等のものであったのですが，目的が暗

[†] 近年開発されたコンピュータの中にはプログラムを逐次実行する形式をとらないような，非ノイマン型と呼ばれるものもある．
[††] 本章での「コンピュータ」は，基本的にこうしたディジタル汎用電子計算機を指すものとする．

号解読に特化していたことと，戦争における重要な国家機密であったために，戦後も日の当たる場所に現れる機会を逸してしまいます．コンピュータ自身の開発に失望したチューリングはその後ソフトウェアを指向した研究を行い，人工知能研究の先鞭をつけます．結局，その後のコンピュータ開発への筋道をつけたことや，世界に与えた衝撃が大きかったのは ENIAC なのですが，それは大戦中の開発に間に合わなかった，ということも一因であるといえそうです．

5.2 コンピュータのアーキテクチャ

5.2.1 ハードウェアとソフトウェア

コンピュータの設計思想や設計概念は，アーキテクチャと呼ばれる．コンピュータアーキテクチャの一つの特徴は，物理的構造によってハードウェアとソフトウェアという二つの区分を有し，後者が非常に重要な部分を占めていることである．

ハードウェアは物質的な機構を有する部分を指し，機構が物質的に固定されている (Hard) ために，変更などが困難である．ソフトウェアは物理的な実体を持たない情報的なものを指し，非常に柔軟性に富んでいる (Soft) 特徴を持つ．

コンピュータの汎用性は，アーキテクチャにおけるソフトウェアの比率が大きいことによる点が大きい．アナログ計算機ではハードウェアである回路の構成を直接変更して，解を求めるためのプログラムを組むが，ストアドプログラム方式のノイマン型コンピュータでは，プログラム情報を記憶情報として扱うことが可能である．それゆえ，ハードウェアの変更を伴わずに動作するプログラムを変更することも可能である．

コンピュータアーキテクチャにおいて，ハード・ソフトウェア両者の領域は互いに不可侵ではなく，同じ機構でも全てハードウェアで実現する場合や，その一部をソフトウェアで実現することも可能である．中央演算処理部の命令処理におけるマイクロコード方式や，エミュレータ機能などは，ソフトウェアによるハードウェア置き換えの例である．コンピュータアーキテクチャにおいて，ハードウェアで実現される領域と，ソフトウェアで実現される領域の境界点をトレードオフ点と呼び，この境界をどこに置くかという問題をハードウェア・ソフトウェアトレードオフ問題またはトレードオフ問題と呼ぶ．

コンピュータ設計のみならず，一般のシステムの設計において，ソフトウェアの

比率が大きくなることは，自由度の向上によりシステムの改変が容易になり，試作段階における低コスト化などを可能とする．CAD(Computer Aided Design)や回路シミュレータによる設計支援なども，こうした点に負っている．同一の処理をハードウェアとソフトウェアで行う場合は，ハードウェアが一般に高速である．コンピュータの高速化の手法の一つとしてソフトウェアのハードウェアによる置換は，特に初期のコンピュータでは有効であった．こうしたコンピュータの柔軟性・自由度と，高速性とのトレードオフ点をどこに置くかという点も，コンピュータアーキテクチャ設計の一つである．

コンピュータで問題を解決する場合，

1. 問題のアルゴリズム化
2. アルゴリズムのプログラムによる実現
3. プログラムの機械コード化
4. ハードウェアによる機械コードの実行

といった階層化された処理を経由して問題を解決していく．「問題」の持つ高度で複雑な内容(1)と，「ハードウェアによる実行」における単純化された処理群(4)の間にある機能的ギャップを，広義のセマンティックギャップと呼ぶ．1から2は人間によって埋められ，3はソフトウェアによって埋められる．コンピュータアーキテクチャは4の部分を解決する．プログラム行程の機能と機械コードの機能とのギャップを，狭義のセマンティックギャップという．

5.2.2　2進数表記とビット・バイト

現在のディジタルコンピュータはほとんどの場合，2つの電気状態(電圧の高低，電荷の有無など)を**2進数**として扱っている．2進数における0と1という2つの状態を記述しうるデータサイズを，1ビット(bit)と呼ぶ．1ビットのデータのサイズ(データ長)は非常に小さいため，コンピュータが処理を行う単位としてバイト(byte)という単位を用いることも多い．1バイトの定義は，初期の計算機ではまちまちだったが，近年は1バイトを8ビットとして考える例がほとんどで，この場合，1バイトのデータで表記できるパターンは，256通りとなる．バイト単位でのデータ表記法としては10進数を用いるよりも，4ビットを一組とした**16進数**(hexadecimal)，または3ビットを一組とした**8進数**(octal)とみ

表 5.1　2進数16進数対応例

0000	0001	0010	0011	0100	0101	0110	0111
0h	1h	2h	3h	4h	5h	6h	7h
1000	1001	1010	1011	1100	1101	1110	1111
8h	9h	Ah	Bh	Ch	Dh	Eh	Fh

なして表記する法を用いる事が多い．特に16進数表記は，桁の区切りはバイト表記の区切りにも合致するため扱いやすく，10進数の0～9以外にアルファベット A(10)h～F(15)h を加え，0h～Fh を 0000b から 1111b に対応させて表記を行う[†]．

1バイトのデータ長のデータ '$B_7B_6B_5B_4B_3B_2B_1B_0$' では，通常 B_0 を最小桁ビット (LSB)，B_7 を最大桁ビット (MSB) とする2進数と見なし，

$$\sum_{i=0}^{7} B_i \times 2^i$$

で10進数に変換することができる．一方，ビット単位のデータを16進数変換で表す場合，4ビットのデータ毎に区切り，その4つのビットをそれぞれ $2^3 \sim 2^0$ の桁に対応させることで，1桁の0h～Fh に対応させることができる．よって1バイトは，2桁の 'x_1x_0h' といった表記に変換できる．表5.1は4ビットデータ右側を最小桁を見なした場合の対応表である．他のデータサイズとして，2バイトに相当するワード (Word) が用いられることもある．さらに大きなデータサイズを記述する場合，'kB' や 'MB' 等の表記も利用される事がある．1kBは1,000バイト，または $2^{10}=1024$ バイトを表す単位，1MBは1,000,000バイト，または 1024^2 バイトを表す単位で，正確に把握する場合，どちらの表記であるかを注意する必要がある．

5.2.3　2進数表記とディジタル演算

我々が10進数の数値計算を手動で行う場合に用いる手順 (アルゴリズム) は，n 進数の数値計算においても共通である．数値を2進数化することで，ブール代数

[†] 16進数表記ではしばしば，10進数との区別を行うため数字の末尾に 'h' をつけたり，先頭に '0x' をつけたりする．本書では 2,16 進数表記の末尾にそれぞれ 'b','h' を付記して区別することとする．

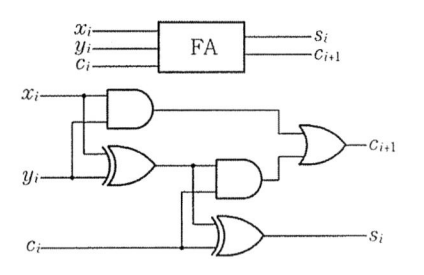

図 5.1　全加算器の回路例

の論理演算処理で，こうした計算を記述することができる．このように複雑な処理を行う回路として，**組合せ論理回路**や**順序回路**などがある．

組合わせ論理回路の一例として加算を例にとる．1桁の2進数を桁上げを含んで計算する回路を，桁数だけ組み合わせる事で加算器を構成することができる．**半加算器**は桁上げ入力のない加算器で，**全加算器** (Full Adder:FA) は桁上げを含む3入力2出力の加算器である．FA の回路例を図 5.1 に示す．x_i, y_i は加算値と被加算値 i 桁めのビット，c_i は下の桁で繰上がりが生じた (Carry) 時に1となるビットで，s_i は和の出力ビットである．c_{i+1} は上位の桁に対する繰上がりを示す．HA と FA を直列接続することで2進数の正数の加算を電子回路で実現できる．

───────── コーヒーブレイク ─────────

kB は 1000byte か 1024byte か？

　本来コンピュータの容量の世界では，$2^{10}=1024$ を区切りとするという考え方でしたが，通信速度やクロックなどでは，1000 を基準とする用法が使われたこと，記憶容量では両者が混用されることなどがありました．そのため，現在でも両方の意味で使われる可能性があり，注意が必要です．特に，k(キロ) であれば両者の誤差は 2.4% となり，用法によってかなりの違いがでてきます．たとえば，「容量 40GB のハードディスク」では用法によって 3GB 近く違いが出ます．現在はどちらの用法を使っているか断り書きがある場合がほとんどですので，注意さえすれば，誤りは防げるでしょう．

5.3 コンピュータのハードウェアアーキテクト

本説ではコンピュータの基本構成，および構成するハードウェアの使用している原理などについて解説する．

5.3.1 コンピュータの基本構成

図 5.2 はコンピュータの基本構成である．コンピュータは主に中央処理装置 (Central Processing Unit; CPU) と記憶装置 (Storage) と入出力ポート (Input/Output Port) という構成からなっている．**CPU** はコンピュータの心臓部であり，演算処理部や制御部から構成され，コンピュータプログラムを理解・実行すると同時に演算等を行う．**記憶装置**は，CPU から直接扱えるプログラムや，計算に用いるデータを保存する領域である主記憶装置 (Main Storage, Memory) と，補助的役割を担う補助記憶装置 (Auxiliary Storage) から構成される．入出力ポート (Input/output ports) は通常複数用意され，CPU と外界とのデータのやり取りを行う目的で各種入出力デバイスが接続される．

5.3.2 中央演算装置

コンピュータの中央演算部等に用られる装置は，一般に**処理装置またはプロセッサ**と呼ばれる．プロセッサには汎用のものと，特殊な目的に合わせて設計されたものが存在し，後者には通信制御・データベース制御・画像制御・ディジタル信

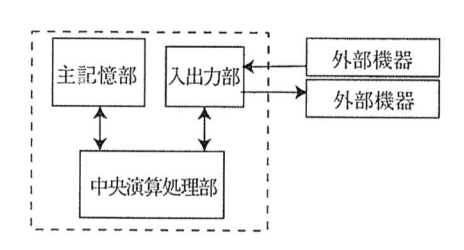

図 5.2 コンピュータの基本構成

号制御 (DSP)・CAD 処理・知識処理・推論処理などがある．1 つのコンピュータの中には，複数のプロセッサが用いられるのが普通であるが，コンピュータの主要な処理を受け持つプロセッサを特に**中央演算処理装置**，中央演算処理ユニット (CPU) と呼び，コンピュータの処理能力を決定する重要な部位である．近年の LSI 技術の発展によりプロセッサを 1 つの集積回路で実現したものは，**マイクロプロセッサ (MPU)** とも呼ばれる．

代表的な CPU の機能概略図を図 5.3 に示す．CPU はプログラムに従い，デー

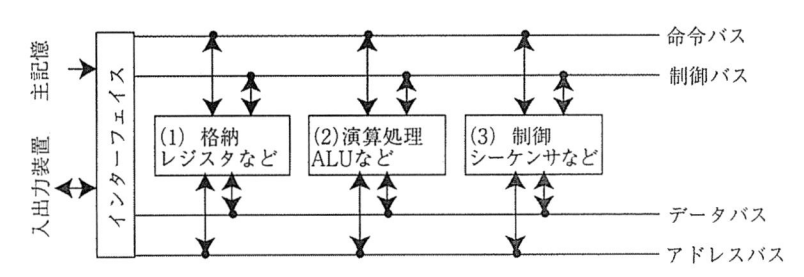

図 **5.3** CPU の基本構成

タの入力・演算などの処理・その結果の出力などを順次処理していく．これらの処理において，データや記憶番地 (アドレス) を一時的に記憶し，高速に参照・演算するための記憶部がプロセッサには内包されており，これらは主記憶装置メモリー (memory) と区別してレジスタ (register) と呼ばれる．レジスタに保存されたデータなどの演算処理を行うための機構は，**ALU**(Arithmetic and Logic Unit) で，これらの機構は制御部からの**マシン命令**に従い実行される．マシン命令の順次実行を行う装置はシーケンサと呼ばれる．各装置はバスと呼ばれる情報交換機構で接続される．図 5.3 では命令および制御信号が流れる命令バスと制御バス，レジスタやメモリの記憶情報が流れるデータバス，メモリの番地情報が流れるアドレスバスなどがある．また，CPU はインターフェイスを通して外部の記憶部，入出力装置とのデータのやり取りも行うことができる．

マシン命令は (1) レジスタと任意のメモリーとの情報やり取り (Load, Store), (2) レジスタなどの演算 (Operation) (3) プログラム制御条件分岐 (4) 外部入出力などの種類があり，一連の命令の集合を**命令セット** (Instruction set)，また

は命令セットアーキテクチャ(ISA, Instruction Set Architecture) という．命令セットを決定する上で重要なプロセッサの制御方式には，**布線論理 (Wired-logic control)** 方式とマイクロプログラム方式がある．前者は直接ハードウェアで制御機構を実現することで高速性に優れる．後者はマイクロプログラム (Firmware: ファームウェア) という内部ソフトウェアがマシン命令を仲介する方法で，命令セットの設計・修正が容易，ハードウェア／ソフトウェアトレードオフの調整が比較的容易と柔軟性に優れる一方，実行速度が遅くなる問題がある．ストアドプログラム方式のCPUは，そのマシン命令のコードを主記憶から読込む．

CPUのISA設計におけるハードウェア／ソフトウェアトレードオフの決定指針により，CPUは **CISC** (Complex Instruction Set Computer) と **RISC** (Reduced Instruction Set Computer) に分類できる．CISCでは命令セットは高度化し，複雑な処理が可能で，マイクロプログラム方式やハードウェア技術の進展により発展してきた．RISCは命令セットを単純化し，同時にこれらを高速化することで処理速度を向上させ，コンピュータのコスト対処理速度の向上を指向している．RISCの発展は，コンパイラなどのソフトウェアプログラミング技術の進歩によるところも大きい．RISCとCISCについては，トレードオフ論争も存在し，現在は両者を適宜使い分けたり，両者の特徴を同時に取り込んだ設計がなされている．

CPUの性能評価には，レジスタはCPUの処理能力の指標として用いられるビット数や**平均命令実行時間** (TPI) などが用いられる．ビット数はレジスタやデータ・アドレスバスを流れるデータのビット数に相当し，TPIは次のような式で与えられる．

$$TPI = TPC \times CPI \tag{5.1}$$

ここで TPC:マシンサイクル時間は，1マシンサイクルの長さ (1/CPUクロック)，CPI:命令実行サイクルは，1命令が何マシンサイクルで実行されるかを示す．TPCはCPUのハードウェア設計技術で決定され，RISCは命令CISCよりもTPC, CPIを小さく設計できるとこに特徴がある．

5.3.3 記憶装置

コンピュータの主記憶は主に
- □ CPU から直接アクセスされる
- □ 高速にかつランダムにアクセス可能である
- □ (補助記憶に対して) 小容量

等の条件からランダムアクセス可能な**半導体記憶素子・メモリ素子** (memory device) を主に用いる．

(1) メモリ素子

図 5.4 にメモリの構成を示す．アクセスするデータの**番地・アドレス**をアドレス部に入力し，データ部を用いて記憶データの読み出し・書き込みを行う．データを記憶する主要部である**メモリアレイ**は**メモリセル**と呼ばれる記憶素子で構成され，その bit 数が記憶容量を示す．アドレスの設定からデータへのアクセスに要する時間は，アクセス時間と呼び，記憶容量・アクセス時間はメモリ素子の性能を示す指標である．

主なメモリ素子について表 5.2 にまとめた．メモリ素子はその呼び名から ROM (Read Only Memory) と RAM(Random Access Memory)，およびフラッシュメモリに大別される．機能的にはランダムアクセス・シーケンシャルアクセス，読み出し (Read) 専用・読み書き可能 (Read/Write)，揮発性・不揮発性で類別が可能である．

ROM は回路的に情報が固定されるマスク ROM を除き，情報の書き込みが1度または複数回可能であり，不揮発性である．マスク ROM は情報が普遍で大量生

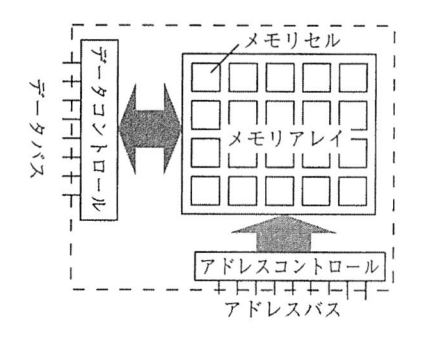

図 5.4 メモリ素子の基本構成

産が有効である場合に優れている．それ以外ではコスト面などから複数回の情報書込みが可能な EPROM(Erasable Programable ROM) や EEPROM(Electrical EPROM)，フラッシュEEPROMが主に使われている．ROMの使用用途は，コンピュータの初期的なシステム情報や文字フォントなど固定的な情報の記憶に用いられる．大容量で電気的に更新が可能なものは，不揮発型のRAMとして用いられている場合もある．

表 5.2　主なメモリの特徴・用途一覧

種類	特徴	用途
不揮発型メモリ		
マスクROM	回路パターンで記憶 大量生産向き・大容量	フォント情報など 主記憶の固定情報
PROM	電気的破壊で一度のみ記憶・中容量	同上
EPROM	紫外線で情報消去 汎用・中容量	同上
EEPROM	電気的に情報消去 1bit～数バイト単位で消去・中容量	主記憶の固定情報 プログラム・携帯情報端末，ICカード等の不揮発記憶
フラッシュEEPROM	電気的に情報消去 セクタ単位で消去 中容量	同上
NOR型フラッシュメモリ	電気的に情報消去・書換回数が多い・ランダムアクセス 中大容量・不揮発	主記憶・情報記録メディア・携帯端末主記憶
NAND型フラッシュメモリ	電気的に情報消去・書換回数が多い・部分的シーケンシャルアクセス 大容量・不揮発	主記憶・情報記録メディア・携帯端末主記憶
揮発型メモリ		
バイポーラ型SRAM	小容量・高速動作	キャッシュメモリ
MOS型SRAM	中容量・中速	主記憶
DRAM (MOS型, NOR型)	大容量・低速 リフレッシュ要	同上

RAM (Random Access Memory) の名称は，実際には読み書き可能な RWM (Readable and Writable Memory) に対して用いられている．図 5.5 に RAM の基本的な回路構造 2 種類を示す．バイポーラ型 SRAM(Static RAM) は最も高

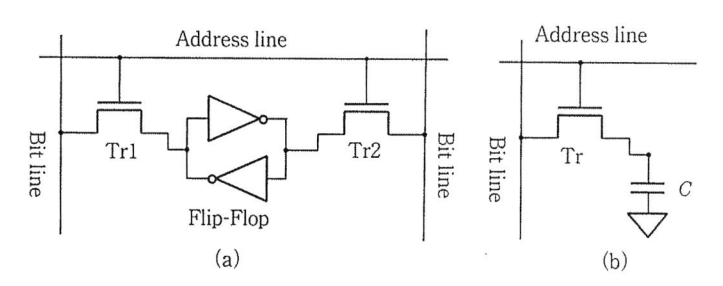

図 5.5　メモリの原理的回路 (a)SRAM, (b)DRAM

速な RAM である．図 5.5(a) に示すようにフリップフロップ回路を用いるため 6 個の電界効果トランジスタ (FET) を 1 セル中に必要とし，集積度があげにくい問題があるが，MOS 型 SRAM では作製手法によりある程度集積化が可能となる．一方，MOS 型，NOR 型の DRAM(Dynamic RAM) は，情報記憶をコンデンサと 1 個のトランジスタで行なえるため集積度を高くでき，記憶容量としては 1Gbit 以上が可能である．しかしコンデンサを用いるためリフレッシュ動作が必要となる．RAM は主記憶の大半を占めるが，情報は揮発性であり，通電していないと情報を維持できない．

フラッシュメモリは，技術的にはフラッシュEEPROM と同じものであり，用途的には不揮発の大容量記憶素子として近年普及しているメモリ素子である．図 5.6 にはその基本構造を示す．トンネル効果を用いて高い電圧でフローティングゲートに電荷を注入することで記憶を行う．メモリセルの配列には NOR 型と NAND 型がある．図 5.7 に示す通り，NOR 型はランダムアクセスが可能であるが，集積度を比較的あげ難く，NAND 型では情報へシリアルアクセスとなるが集積度をあげ易い．DRAM では NOR 型が普通であるが，フラッシュメモリでは NOR 型および NAND 型が開発されている．その他の種類の不揮発メモリとしては，強誘電体キャパシタを利用した FRAM(Ferroelectric RAM) や MRAM(Magnetic RAM) などがある．

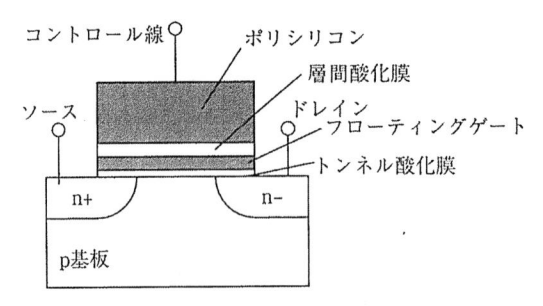

図 5.6 フラッシュメモリのメモリセルの構成

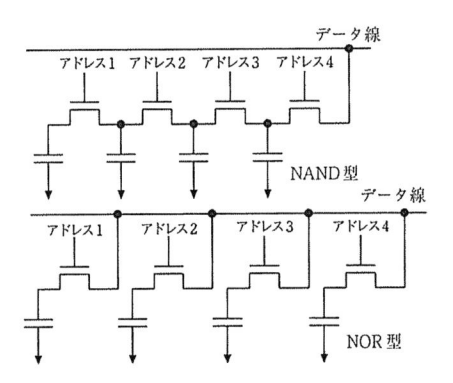

図 5.7 メモリセルの配列 (上:NAND 型, 下:NOR 型)

(2) キャッシュ

記憶デバイスへのアクセスにおいて, アクセス元の CPU 速度よりアクセス先の記憶デバイス応答速度は非常に遅い. このとき, 中間にデータを一時保存する高速なメモリを置くことで, デバイス応答速度によるコンピュータの処理速度の低下を防ぐ機構をキャッシュ(Cache) と呼ぶ. 補助記憶装置であるディスクアクセスに対するものは, ディスクキャッシュまたはバッファメモリ, 主記憶の低速 DRAM に対するものをメモリキャッシュという. 図 5.8 にメモリキャッシュの構成の一例を示す. CPU からの主記憶へのアクセスに対し, 必要なデータがキャッシュにある場合には, キャッシュからデータを読込む (ヒット). キャッシュにデータが無かった場合は, 直接主記憶にアクセスする. キャッシュと主記憶間は多くのデータを並列的にアクセスすることで, 見掛け上のアクセスを高速化する. 多重

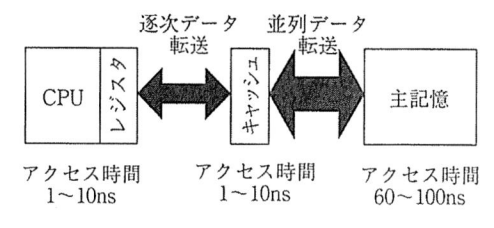

5.3 コンピュータのハードウェアアーキテクト

```
           逐次データ      並列データ
            転送          転送
  ┌────┬─┐  ←→  ┌──┐  ←→  ┌────┐
  │CPU │レ│      │キ │      │    │
  │    │ジ│      │ャ │      │主記憶│
  │    │ス│      │ッ │      │    │
  │    │タ│      │シュ│      │    │
  └────┴─┘      └──┘      └────┘
  アクセス時間   アクセス時間    アクセス時間
    1～10ns       1～10ns       60～100ns
```

図 5.8 メモリキャッシュの構成例

にメモリキャッシュを行う場合，CPU に近い側を 1 次キャッシュ(L1 キャッシュ)と呼ぶ．CPU のデータアクセス対してキャッシュヒットする確率をヒット率 η と呼び，CPU からメモリへの実行アクセス時間 T は

$$T = \eta T_C + (1-\eta) T_M \tag{5.2}$$

で与えられる．T_C はキャッシュアクセス速度，T_M はメモリアクセス速度である．

キャッシュはプログラムの順次読込みのように，将来のアクセス位置が推測できる場合に有効で，主記憶の 1/1000 のキャッシュでも $\eta = 0.94 \sim 0.97$ のヒット率を示すことが可能である．最近の CPU は，ヒット率を上げるためプログラム分岐予測やセットアソシアティブキャッシュなどの技術を用い，L1, L2 キャッシュなどを CPU に内蔵している．

(3) 外部記憶装置

補助記憶部は主記憶のデータを記憶・保存する部分で，主に入出力ポート部を通して外部に接続された装置が一般に用いられ，**外部記憶装置**とも呼ばれる．補助記憶部は主記憶部のデータ・プログラムを保存したり，あらかじめ保存されたデータ・プログラムを主記憶部に読み込むのに用いられる．一般に，外部記憶装置は，主記憶部に対してアクセスの自由度や高速性に劣るが，大きな記憶容量を持ち，不揮発性である．また記録媒介が交換可能なものは情報の配布・交換にも用いられる．

媒体の形式に基づく分類では，ディスク型，テープ型，固体型に分かれる．ディスク型はセミランダムアクセスが可能で，**直接アクセス可能記憶装置** (DASD:Direct Access Storage Device) であると同時に，大容量を得られるため，もっとも一般的である．テープ型はディスク型より容量を得やすいが，シーケンシャルアクセ

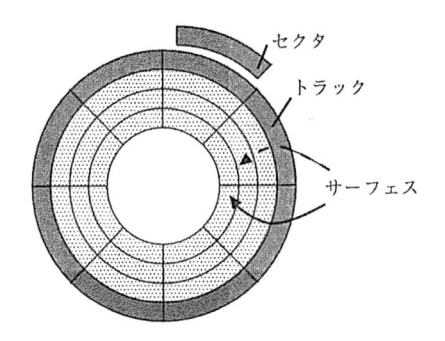

図 5.9　ディスクのトラック・セクタ・サーフェス

ス型であるため，利用目的が限定される．固体型は半導体等の記憶素子を用いたもので，機械的可動部がなく，高速の DASD であるが容量対コストが大きい．しかしながら，フラッシュメモリの高速化・大容量化により，将来的に普及することが期待される．

　ディスク型メディアの記憶領域区分を図 5.9 に示す．DASD を実現するため円盤を区切り，トラック，セクタ，サーフェスのようなパラメータで記憶位置を指定する．図ではディスクを 4 つのトラックに分け，1 つのトラックを 8 個のセクタで構成している．サーフェスはディスクの面に相当する．

記録・読み出しの原理
　半導体を利用したもの以外では，磁気と光を利用した記録・読み出しがある．
　磁気記憶は磁性体の**磁化ヒステリシス** (図 5.10) を利用したもので，これにより不揮発の記憶を実現している．図 5.10 は磁気記憶の基本構造を示し，**磁気ヘッド**によって媒体上の**磁性膜**の磁化方向を変えている．一般に固定された磁気ヘッドと接触しながら移動する磁性メディアを用いるため，安定移動機構や摩擦・摩耗技術，トラッキングサーボ技術なども必要となる．磁性メディアの磁化方向は，それぞれ 0 と 1 と見なされ，再生時は磁化方向の反転部分におけるヘッド電流変化を読み取る．磁気方式ではディスク型，およびテープ型方式が存在する．

　光を用いたデバイスでは，図 5.11 のような**光ピックアップ**を用いて非接触に情報を読み出す．半導体レーザ光を平行ビームにした後，高い開口率 (NA: numerical aperture) の集光レンズでディスク表面に集光し，その反射光をフォトダイオー

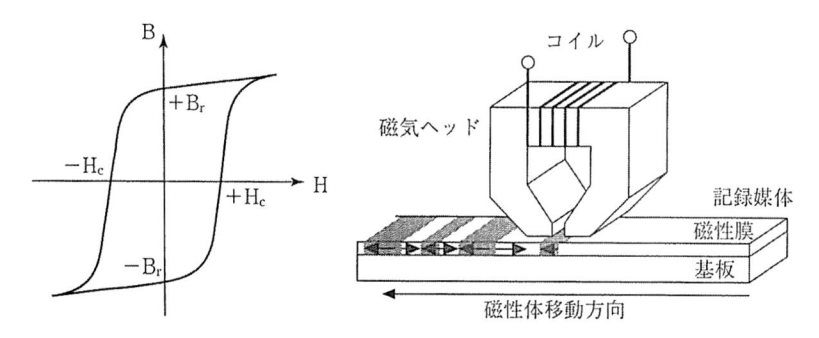

図 5.10 磁気ヒステリシス(左)と磁気ヘッドの概念図(右)

ドで測定して信号を読み出す．メディアはディスク型が用いられ，その上にあるミクロンサイズのピットの有無を反射光強度から検出して，これを0および1として信号を再生する．半導体レーザ光をレンズで集光した場合のビームサイズは，$d = k\lambda/NA$ で決定される．k は光学系で決まるファクタ，λ は光の波長である．CD-ROM であれば $\lambda = 780$nm, $NA = 0.45$ で 0.83μm のピットを読み取っている．ミクロンレベルの読み込みを実現するため，フォーカスサーボとトラッキングサーボの2つの制御技術が用いられる．

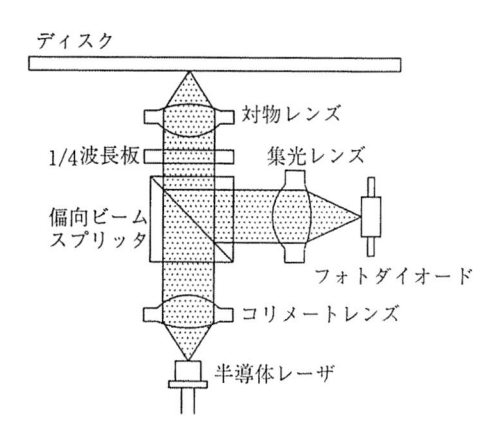

図 5.11 光ピックアップの構成図

当初，記録方式は再生専用(ROMとも表現される)であったが，その後データを一度のみ記録できる追記型(Wirte Once Read Many:WORM)，書き換え型(Rewritable)が実用化された．WORMでは無機ライトワンス，有機ライトワンス方式があり，後者では光を吸収する有機色素をレーザ光のパワーを上げることで溶融してピットを形成する．書き換え型では光磁気方式，光相変化方式の2つがある．光磁気方式の書き込みは，レーザの照射で垂直磁化膜の一部のみキュリー温度以上に上げた状態で外部磁界をかけ，磁化向きで記録する．読み込みはこの

表 5.3 主な外部記憶装置規格

規　格	記録方式	容　量	備　考
ディスク型			
Floppy disk (FD)	磁気記録方式	1.44MB (2HD)	データ交換・配布
Zip disk	磁気記録方式	100, 250MB	
Super disk, HiFD	磁気記録方式	120MB, 200MB	一部FDと互換
CD-ROM	読出専用光記録	650MB	データ配布
CD-R	有機ライトワンス	650MB	CD-ROMと互換
PD CD-RW	相変化記憶方式	650MB	CD-RWはCD-ROMと一部互換
MO (3.5inch)	光磁気記憶	128MB～1.3GB	1.3GBは別規格
MO (5inch)	光磁気記憶	300MB/面, 2.5GB/面	
DVD-ROM	読出専用光記録	4.7GB(面)	データ配布
DVD-R, DVD+R	有機ライトワンス	3.95GB/面, 4.7GB/面	
DVD-RAM, DVD+RW	相変化記憶方式	3GB/面, 4.7GB/面	
固定ディスク(HDD)	磁気記録	>40GB	主要な補助記憶装置
テープ型			
DDS	ヘリカル操作記録方式	2, 4, 12, 24GB	3.8mm幅
Mammoth, D8, AIT	ヘリカル操作記録方式	7～200GB	9mm幅
QIC/TRAVAN	固定ヘッド記録方式	2.3～40GB	駆動部をカセットに内包
DLT, IBM3480	固定ヘッド記録方式	0.2～40GB	
半導体型			
Smartmedia Compact Flash SD memory card Memory stick	フラッシュメモリ	1M～1GB	携帯型端末とのデータ交換など

磁化の向きによる磁気カー効果 (magneto kerv effect) を検出する．光相変化方式では記録媒体のアモルファス相と結晶相をレーザ加熱後の序冷却・急冷却で制御して記録し，この相の変化による反射率の違いを読み取る．

現在普及している主な外部記憶装置規格の一部を表 5.3 に示す．固定ディスク記憶装置 (Hard Disk Drive, HDD) は，代表的コンピュータの補助記憶装置で，アルミニウムやガラスのディスクに Fe-Ni 磁性体をコートしたディスクを複数枚内蔵した構造を持ち，ディスクを 5000～12000rpm で回転させ，磁気ヘッドがディスクより数 10nm 浮上した状態でデータを読み書きする．媒体の交換ができないものの，100GB を越える大容量が可能であり，高信頼性や高速ランダムアクセスが可能である．各種光ディスクは半導体レーザ波長や，光学系の改良により容量・速度ともに改善が進んでおり，媒体交換可能な Removable メディアとして情報配布・交換などさまざまな目的に使用されている．表以外にも青紫半導体レーザを利用した大容量 DVD の規格が進んでおり，波長 405nm, NA0.85 でビットサイズが $0.2\mu m$ 以下，容量 30GB 程度の書換型が提案されている．半導体であるフラッシュメモリを用いた外部記憶は，携帯端末やディジタルカメラなどでも外部記憶として活用されているが，現状ではデータ単位あたりのコストが大きい．しかしながら大量生産によるコストダウンにより将来的に広く普及していくと思われる．

―――― コーヒーブレイク ――――――――――――――――――――

ディジタルメディアと紙メディア

印刷は最もコストパフォーマンスの高いメディアであることはこれまで常識とされてきました．しかし，固定ディスク (ハードディスク) ドライブなどの大容量化・低価格化によって，一文字当りの単価はすでに紙よりずっと安くなる事例がでてきています．ハードディスクドライブのコストは 3～5MB/円ぐらいです．A4 の紙の価格がほぼ 1 円なので，A4 一枚に 150～250 万字詰め込まないと同等のコストパフォーマンスなりません．実際は 1 万字も無理でしょうから，ハードディスクドライブがずっと安いことになります．CD-R のようなメディアでも，ドライブの価格を考慮しなければ 1MB/円以上のコストパフォーマンスですから，ほぼハードディスクドライブと同等，紙より 2 桁近く安いことになります．

5.3.4 入出力デバイス

コンピュータの基本構成部分と外部のやり取りを行うための装置を，**入出力装置** (Input/Output Devices, I/O Devices) と呼ぶ．具体的には操作する人間との直接的なやり取りを行うコンソール (Console) や，ポインティングデバイス，印刷物や音声信号や通信情報などの入出力を行う．また，入出力装置や外部記憶装置などとの界面をなす部分をインターフェイスと呼ぶ．

コンソールはコンピュータと操作者と直接のインターフェース部分でもあり，従来は表示装置 (ディスプレイ) とキーボードが主要入出力装置で，補助入力装置としてポインティングデバイスが良く使用されている．

(1) ディスプレイ

ディスプレイには**陰極線管** (CRT) を用いたものと**液晶ディスプレイ** (LCD：Liquid Crystal Display) が主流で，現在はともに多階調のカラーの表示機能を持つ．ディスプレイの表示の最少単位は，画素やドットと呼ばれ，この画素を並べることで表示器を構成する．色を表現する場合，光の三原色 (Red,Green, Blue:RGB) に相当する画素を利用して，その色強度の組み合わせて色を表現する．これより，ディスプレイの性能は画素の細かさ (分解能) と色階調などで論じられる．

CRT では画素分解能として画面中に表示できる画素数 (水平画素数 × 垂直画素数) の他に，ドットピッチ (画素のピッチ) などが用いられる．色階調についてはその仕組み上アナログ階調であるため，ディスプレイへの入力は，アナログ信号化された RGB 信号を用いるものが多く，通常，画面の描画速度は垂直周波数および水平周波数程度で決まり，垂直周波数は 60〜80Hz 程度となる．描画方法としては，インターレースとノンインターレースの 2 種類がある．

LCD は画素一つ一つに独立制御可能な液晶を集積化したディスプレイで，本来非発光であるため，コンピュータ表示器用ではバックライトを組み合わせているものが多い．低消費電力・薄型等の特徴がある．液晶としてはネマチック液晶を利用した TN(Twistet Nematic), STN(Super Twisted Nematic) 液晶が用いられている．図 5.12 に SN, STN の動作原理図を示す．ネマチック液晶の旋光性を利用して，電圧印加による光が透過する構成となっている．STN では 180〜270 度に旋光させ，コントラスト等を改善している．液晶配列の駆動方式は，単純マトリクスやアクティブマトリクス等があり，後者の中で**薄膜トランジスタ** (TFT：

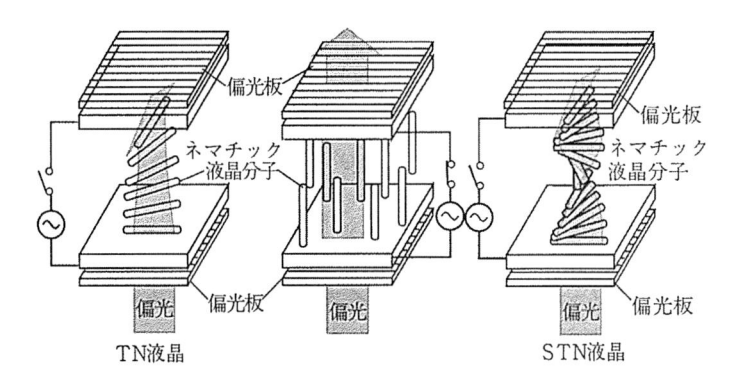

図 5.12　LCD の動作原理

Thin Film Transistor) で駆動する方式が普及している．LCD では画素が分離しているため，画像信号もアナログ RGB 以外にディジタル RGB が利用されている．LCD の透過性を利用して，プロジェクタタイプの表示装置も用いられている．その他の表示器としてはプラズマディスプレイや EL を利用したものがある．

(2)　文字入力装置

キーボードは文字入力のための装置で，文字・記号を入力するためのキーを一カ所にまとめて配列させている．キーの配列にはいくつかの規格があり，ASCII 配列や JIS 配列と呼ばれる．日本語の配列は JIS X6002-1980 が普及している．入力できる記号数を増やすための切替機構をシフトと呼び，通常 3 段または 4 段シフトである．日本語入力については，仮名文字までしか入力できないため，ソフトウェアを組み合わせることで高度な入力を実現している．また，画像入力装置で得られた画像を文字で認識する **OCR**(光学式文字読取り装置) や音声認識装置，手書き文字認識装置も同様に文字入力を目的とするが，実装ではソフトウェア的側面が大きい．ともに認識率の向上に伴い実用化されてきている．

(3)　補助入力装置

補助入力装置はキーボードでは入力が難しい情報を入力するためのものである．以下に位置座標を入力する装置を示す．

　　マウス：装置の相対的な移動を読み取るための装置で GUI(グラフィカルインターフェイス) の採用で広く普及した．内包したトラッキングボールの転がり

を物理的に検出する方法や,光学的に相対移動を検出するするものがある.同等の機能を持つものに指先やペンでなぞるタッチパッド(電磁誘導式,感圧式)やトラックボールがある.

　ジョイスティック:レバーを倒して移動方向を指示する装置.フライトシミュレータやゲーム等で使用される.

　タッチパネル:ディスプレイ表面に感圧スクリーンをおいて画面上の座標を直感的に入力する装置.マウスやジョイスティックよりも直感的な操作が可能である.旧来は直感的感圧スクリーンの代りに感光性のペンを利用したライトペンが利用された.

　ディジタイザ・タブレット:絶対座標を入力する装置で,図面のトレース等に用いられる.

その他,人間の手足の動きを位置・角度センサで読み取るデータグローブなどがある.

画像を入力する装置は,写真や印刷物を画素の配列として入力する装置である.イメージスキャナは印刷物を対象に光を当てながらCCDセンサを走査して画像を読込む.読取りの画像分解能(dpi:dot per inch)と色分解能が性能の指標として用いられる.カメラのフィルムに特化したフィルムスキャナや,CCDカメラを用いて入力する方法もある.文字の印刷物を画像として入力した場合,コンピュータは文字データを直接認識できないため,前述のOCRなどを用いて文字として認識させる必要がある.こうした認識を容易にする手法として,バーコードリーダ,マークシートを読取る光学式マーク読取り(OMR),磁気インクを読取る磁気インク文字読取り(MICR)などが用いられている.

(4)　プリンタ

プリンタはコンピュータ情報を紙などに印刷する出力装置で,出力形式により以下のように分類される.

　シリアルプリンタ:初期のプリンタで文字情報を一文字ずつ処理する.

　ラインプリンタ:一行単位で情報を処理する.紙を送りながら,印字ヘッドを紙送り方向に垂直に走査して印刷を行う.元々文字を印字するためのプリンタであるが,画像も印刷できる.印刷原理はドットインパクト式,サーマル式,インクジェット式などがある.

プロッタプリンタ：ペンを持つアームを XY 方向に動かすことで図形を描画するプリンタで，CAD 等の出力に使われる．大判の印刷が容易．

ページプリンタ：1 ページ分の情報をメモリ上で処理するため，ラインプリンタやプロッタプリンタの特徴をあわせ持つ．印刷原理はサーマル式，電子写真式など．

代表的なプリンタについて解説する．サーマルラインプリンタでは加熱により印刷を行う．感熱紙を用いる感熱式，インクリボンを熱により転写する熱転写式，昇華型熱転写式などがある．後者 2 つに関してはカラー印字が，最後のものでは濃淡制御が可能である．カラー出力ではコンピュータ内部の RGB 情報をシアン，マゼンタ，イエローの 3 色と黒の CMYK に変換して印刷を行う．印字に熱を利用するため静粛性に優れるが，印字速度は劣る．印字ヘッドの構造も単純であるため，低コストである．

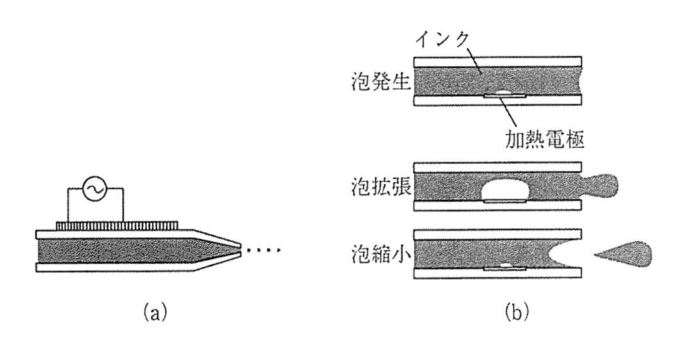

図 5.13　インクジェットの原理 (a) 圧電式 (b) バブルジェット式

インクジェット式ラインプリンタはノズルからインクを吹き出して紙にインクをのせる．印刷に必要なインクのみをヘッドより噴出して印刷するオンデマンド方式が現在の主流である．非接触印刷が可能でインクの消費量も最小になり，静粛性も高い．また，インクを組み合わせることでカラー出力が可能となる．図 5.13 に主なインクノズルの原理図を示す．圧電式は圧電素子でインクを飛ばして印刷するが，バブルジェット式では加熱によりノズル中に気泡を発生させてその圧力を利用している．後者はとくに高価な圧電素子を必要とせず，サーマルプリンタの印字ヘッドの集積化技術が流用できるため大幅に普及した．カラー化では CMYK

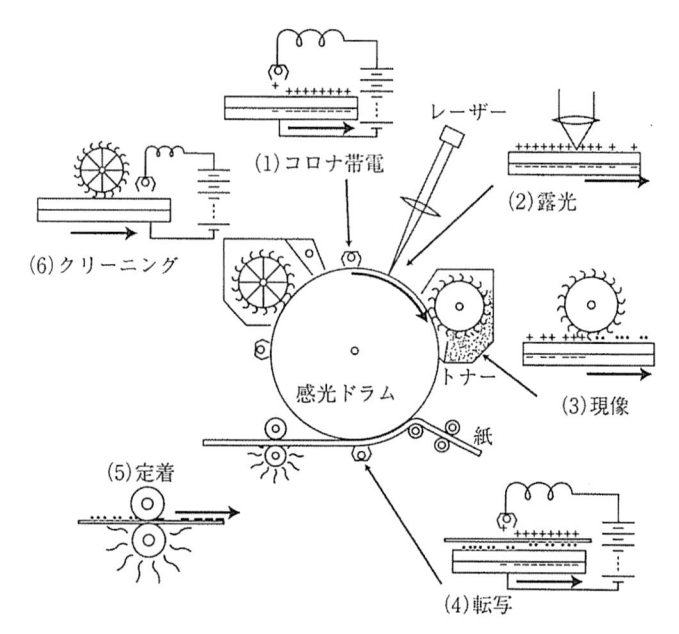

図 5.14 レーザページプリンタの印刷原理・概要
(出典:「アルテ 21 画像エレクトロニクス」正田英介監修,
常松信彦編, オーム社, 1998 年)

インクを用いるが, 階調を出すためにディザリングを用いる.

　レーザページプリンタは電子写真式のページプリンタで, 複写機とほとんど同じ構造を持つ. その原理の概要を図 5.14 に示す. 表面に光機能半導体を持つドラムを用いドラム上に像を形成して, これを紙に転写して印刷を行う. (1) まず, コロナ発生装置などにより, ドラム表面に静電荷を与える. ドラムの表面の感光体には有機の光伝導物質 (OPC) やアモルファスシリコンなどを用い, 光の照射で帯電しているキャリアが消失する特性を持ち, (2) レーザ光走査系等で静電荷による像をドラム上に形成する. (3) トナーは電荷をもつキャリアとインクの混合で, ドラムの帯電部にのみ吸着し, その後, (4) 静電荷を用いて紙に転写される. (5) 最後にヒータローラにより紙に定着させる. (6) クリーニングは未転写トナーや潜像を, ドラムから除去するための行程である. 電子写真では階調出力が難しいため, ディザリングを用いる.

5.4 コンピュータのソフトウェアアーキテクト

本節ではコンピュータのソフトウェアアーキテクトのうち，ユーザとして有益と思われることを抜粋して解説する．

5.4.1 データ長とデータ型

これまで解説した2進数の基本的な加減演算を元に，負数・小数などの表現，および演算を行うためのデータ記述法について解説する．

(1) 整数データ型

データ長と表示範囲：符号無し $n$bit の整数のデータの表現可能範囲は，$0 \sim 2^n-1$ となる．主に 8bit 単位でデータサイズが決まり，8bit, 16bit, 32bit 等のデータサイズが用いられ，これらはデータ長とも呼ばれる．表現可能範囲は $0 \sim 255, 0 \sim 65535, 0 \sim 4294967295$ となる．加算処理などの結果がこの範囲を超えた場合を，オーバーフローと呼び，正しい結果が得られない．

負数の表現：コンピュータの負数の扱いは，2の補数表現が一般に使われている．ある $n$bit の数とその2の補数表現の和は常に 2^n，すなわち繰上がりがおきて全ビットが0になる．$-i$ を2の補数表現で表すには，i を2進数で表現した後，そのビットをすべて反転させてから1を加える．16bit の正数の表現可能範囲は $-32768 \sim 32767$ となる．この表現を用いることで，正数同士の加算と全く同様に，負数と正数の加算を行うことができる．以下に 16bit 表記の場合の例を示す．

$$-15 + 28 = (2^{16} - 15) + 28 = 2^{16} + 13$$

2^{16} は 17bit 目のビットであるため 16 ビット表記では無視できる．よって，13 と正しい和が得られる．減算処理についても，一旦減数の符号を反転して加算する方法で実現できる．この表記では MSB は符号ビットでもあり，0は正数，1は負数を示す．その他の負数表記として1の補数表現，絶対値表現などがある．

(2) 実数データ型

小数の表現：小数の表現は，整数の 10 進 →2 進数変換を拡張し，2^{-n} を小数点以下第 n 桁に相当する形で展開する．例を次に示す．

$$b_0.b_1b_2b_3\ldots = 2^0 b_0 + 2^{-1}b_1 + 2^{-2}b_2 + 2^{-3}b_3\ldots$$

実数の表現：実数の表現では主に**浮動小数点方式**が利用される．10 進数を例にとると，5.345×10^5 のような表記に相当し，ここで 5.345 を**仮数部**，10^5 の 5 を**指数部**と呼ぶ．浮動小数点は "$5.345e+5$" の様に簡略表現されることもある．この場合，浮動小数点方式における表現可能領域は，

$$-f \times 10^{e_m} \sim -f \times 10^{-e_m},\quad 0,\quad f \times 10^{-e_m} \sim f \times 10^{e_m}$$

で与えられる．ここで仮数 f の範囲は $-f_m \leq f \leq f_m$，指数 e の範囲は，$-e_m \leq e \leq e_m$ である．0 を除き，絶対値が $f \times 10^{-e_m}$ 以下の数は，表現できないことに留意したい．表示不能な数の領域として $f \times 10^{e_m}$ より絶対値が大きい場合はオーバーフロー，$f \times 10^{-e_m}$ より絶対値が小さい場合は，アンダーフローと呼ばれる．実際のコンピュータ内部では仮数・指数は 2 進数を用い，底も 2 を用いるため，これらの範囲は若干異なる．

浮動小数点は同じ数に関しても，

$$5345e+1,\quad 5.345e+5,\quad 0.5345e+6,\quad 0.05345e+7$$

のような表現が可能で，この場合数の比較等の処理が煩雑になったり精度が落ちる可能性がある．そこで，小数点の位置を固定し，最初の桁が 0 にならないように書式をまとめることを**正規化**と呼ぶ．2 進数の仮数表現では，最上位ビット (MSB) を必ず 1 とするため，これを省略した**ケチ表現**が用いられることもある．

2 進数における浮動小数点表記は **IEEE** フォーマットが代表的で，**単精度と倍精度**の二種類がある．IEEE フォーマットのビット配置を以下に示す．

	0	1 8	9 31
単精度 (32bit)	s	e	f

5.4 コンピュータのソフトウェアアーキテクト　153

| | 0 | 1 | 11 | 12 | 63 |

倍精度 (64bit) | s | e | f |

符号ビット s は 0 で正，1 で負を示し，そのため仮数部 f は絶対値表現で，ケチ表現を用いている．指数部についてはバイアス表記法を用い，単精度では $e-127$ が指数値となる．単精度の値を表す式は $(-1)^s(1.fb) \times 2^{e-127}$ となる．ただし，$1 \leq e \leq 254$ で，特殊表現として 0 は $e = f = 0$ で，オーバーフローは $e = 255$，$f = 0$ で表現される．$\sqrt{-1}$ のような非数に関しては $e = 255$，$f \neq 0$ が用いられる．

5.4.2 文字情報の扱い

(1) 文字と符号 (コード)

コンピュータが単なる計算だけではなく，広い意味での情報処理を行うためには文字の扱いが重要である．また，ネットワーク環境の発達やインターネットによるグローバリゼーション等の観点から文字符号についての理解は重要である．本節では文字とその符号の基本的事項について解説する．

コンピュータは数値を処理するように設計されているため，文字や記号を扱うためには，文字や記号一つ一つに数値を割り当てて処理を行う．このような処理を文字の**符号化**と呼び，割り当てられた数値を**文字符号**または**文字コード** (character code) と呼ぶ．一般に符号化 (コードに変更) することをエンコード (encode)，元に戻す処理をデコード (decode) と呼ぶ．

(2) 内部コードと外部コード

文字コードはコンピュータがスタンドアロンであったときには内部で独自の文字コードを用いていたが，外部記憶装置や通信システムを介してコンピュータ間でデータをやり取りするようになると，異機種間でのデータの互換性が必要になり，統一規格的な文字コードが要求されるようになってきた．このようにコンピュータの外部への出力に使う標準的なコードを**外部コード**と呼ぶ．内部処理では処理に都合が良い独自のコードを用いることもあり，これを**内部コード**と呼ぶ．本来内部コードをそのまま外部に出力することはない．

外部コードはその性格から，国際標準化機構 (ISO: International Organization

表 5.4 アスキーコード表

上位3ビット→ ↓下位4ビット	0	1	2	3	4	5	6	7
0	NUL	DLE	SP	0	@	P	`	p
1	SOH	DC1	!	1	A	Q	a	q
2	STX	DC2	"	2	B	R	b	r
3	ETX	DC3	#	3	C	S	c	s
4	EOT	DC4	$	4	D	T	d	t
5	ENQ	NAC	%	5	E	U	e	u
6	ACK	SYN	&	6	F	V	f	v
7	BEL	ETB	'	7	G	W	g	w
8	BS	CAN	(	8	H	X	h	x
9	HT	EM	)	9	I	Y	i	y
A	LF	SUB	*	:	J	Z	j	z
B	VT	ESC	+	;	K	[	k	{
C	FF	FS	,	<	L	\	l		
D	CR	GS	-	=	M	]	m	}
E	SO	RS	.	>	N	^	n	~
F	SI	US	/	?	O	_	o	DEL

NUL：ヌル(空文字)，BEL：ベル，BS：バックスペース，HT：水平タブ
SP：スペース，FF：改ページ，CR：復帰，ESC：(制御コード)拡張，DEL：削除

for Standardization) と国際電気会議 (IEC: International Electric Committee) が，国内では日本規格協会 (日本工業規格，JIS) が現在制定を行っている．しかし，当初のコンピュータの性能の低さとその後の急速な高性能化に従って，文字コードは時代毎に制定・改訂が行われてきており，一方で旧式のデータ資産や互換性の問題もあり，現在に至るまで新旧のコードが混在している状況になっている．

(3) 初期の文字コード

英数字の文字コードは当初5～6bitであったが，1963年に7bit(128文字)で英数字をカバーするアスキーコード (情報交換用米国標準符号，ASCII : American Standard Code for Information Interchange) が米国規格協 (ANSI) により制定された．これは今日の英数字コードの基礎となっている．表5.4はアスキーコード表である．行 (0～F) を「点」，列 (0～7) を「区」と呼び，7bitデータに変換

するときは点を下位 4 ビット，区を上位 3 ビットとする．最初の 32 文字と最後の 127(DEL) は制御文字と呼ばれ，コンピュータを制御するための特殊文字である．32 から 126 までが文字として用いられる．

(4) 文字コードの標準化

コンピュータがデータを相互利用するに当り，標準化が必要となってきた．国際規格 ISO646 は ASCII コードを元に作られたコードで，128 文字のうち 12 文字を各国で自由に定義 (地域化，localization) できるとされた[†]．また，日本では ISO646 を 8bit に拡張した国内規格 JISX201(旧 JIS C6220-1976) が制定され，英数字やカタカナを表現できるようになった．このコードは ANK とも呼ばれる．ISO646 をベースとする iso8859 は，ヨーロッパ圏を対象とした 8bit コード群で，10part が制定されている．これらはバイトコード (オクテットコード[††]) と呼ばれる．しかしこの段階では各国のコードを同時に扱う事は考慮されておらず，データが何のコードで書かれているかを知らなければ正しい処理ができない．

(5) 日本語用文字セットと文字コード

漢字文化圏では 1 オクテット (256 文字) コードでは，使用文字すべてをカバーできないため，2 オクテット以上の数字を用いて符号化が必要である．このような文字コードをマルチバイト (マルチオクテット) コードと呼ぶ．また，26 文字しかないアルファベットに対し，漢字等の文字の符号化ではどのような文字を使用可能にするかが重要な問題となる．そのため，日本語文字コードは文字セット (収録された文字集合) と符号化手法であるエンコード法の 2 つの組合わせで表されることとなる．

JIS による日本語用文字セットは，2 つの 7bit(合計 14bit) で符号化できるように第 1 水準文字および第 2 水準文字として制定され，1997 年改訂の JISX208-1997 が現在 6879 文字を収録している．さらに漢字を追加する目的で JISX212(通称 JIS 補助漢字,5801 文字) が 1990 年に，2000 年には JISX213-2000 (第 3 水準，第 4 水準漢字と呼ばれる，4,344 文字) が制定されている．

これらの文字セットの標準的エンコード法は，区点コードや JIS コードで，区点コードは区・点それぞれ 1〜94 で，JIS コードは ASCII で使用可能とされる

[†] 日本では \ (バックスラッシュ) を ¥ (円マーク) に置き換えるなどの変更がなされている．
[††] バイトは処理系により 8bit 以外になるため，8bit は正確にはオクテットと表す．

33～126 の領域の 7bit データ 2 つで表現する．JIS コードでは，文字だけからはデータが JISX208 なのか JISX201 なのか区別できないため，切替信号を用いる必要がある．その他，マイクロソフト社などが内部コードとして使用しているシフト JIS や，UNIX などで使われる EUC(Extended Unix Code) では，8bit データを用いることで JISX201 と混在が可能である．† 各エンコードで「コンピュータ」を表した例を下に示す．

```
JIS       コ   ン    ピ    ュ    ー   タ
          37 51 37 115 37 84 37 101 33 60 37 63
シフト JIS コ    ン    ピ    ュ    ー   タ
          131 82 131 147 131 115 131 133 129 91 131 94
EUC       コ    ン    ピ    ュ    ー    タ
          165 179 165 243 165 212 165 229 161 188 165 191
```

(6) 文字コードの国際化

ISO646 や JIS のコードは，各国でのローカライズのため，国際的な使用には耐えなかったが，ネットワークのグローバル化などを見据えてコードの国際化 (Internatinalization) が図られるようになった．ISO2022 は各国のコードを適宜切り替えて使う符号拡張手法で，8bit のマルチコード††エスケープシーケンスという特殊コードで切替えを行う．たとえば英語混じり日本語を ISO5589-1 と JISX208 で次のように表記する．

「⒜Internationalization⒝はネットワークでは⒜i18n⒝と省略される．」

ここで⒜は ISO8859-1 への切替を指示するエスケープシーケンス，⒝は JISX208 への切替を指示するシーケンスである．この手法は外部コード向けの仕様であり，ISO2022 の仕様に従ったあらゆる各国コードを包括できる一方，コンピュータ内部処理に使うと処理が複雑になる．EUC コードも ISO2022 のルールに従ったコーディングが行われている．

もう一つのアプローチは ISO10646 という多言語文字セットで，ISO2022 が各国文字コードをの共存を試みたのに対し，ISO10646 は各国の文字セットを一つに統合する事を目的としている．ISO10646 は UCS(Universal Character Set)

---

† シフト JIS エンコードは JISX212 に対しては使用できない．
†† インターネットでは 7bit．

5.4 コンピュータのソフトウェアアーキテクト

とも呼ばれ,「群 (Group)」「面 (Plane)」と「区」,「点」の合計 31bit[†] の空間にあらゆる文字を収録するべく作業が進められている. ISO10646 全体を 4 オクテットのデータで扱う UCS-4 と, ISO10646 の基本多言語面 (0 群 0 面, BMP と呼ばれる) のみを 2 オクテットのデータで扱うものを UCS-2 と呼ぶ. UCS-2 に UCS-4 の一部を組込む UTF16 というエンコード法も存在する. ISO10646 はユニコードコンソーシアムの策定したユニコードとその中身は同じである.

(7) ネットワーク時代の文字コード

インターネットでは世界中のコンピュータで通信が行われるため, 機種に依存したり, 国に依存するコード定義は, 他所で通用しない可能性がでてくる. この点から, ネットワークに関しては文字コードの使い方がより制限されることとなる. 日本では ISO2022 を簡略化した ISO2022-JP を推奨[††]している. このコードでは JISX201 のローマ字部分と JISXO208(共にコード 0 から 127 まで) が使用でき, JISX201 のカタカナは排除されている. そのため, JISX201 のカナの部分の使用は推奨されていない. ISO10646 では ASCII コード部分が互換になるエンコード法である UTF8 が, 標準的な外字コードとして使われている. UTF8 は通信に 8bit を使用することを前提とするエンコードで, 7bit を前提とする UTF7 もある.

――――― コーヒーブレイク ―――――

「半角」コードや「全角」コードという表現がありますが, 半角や全角は文字の表示の幅を示す言葉でコードとは直接の関係はありません. しかし, 実際には JISX201 の 1 オクテットコードを半角, JISX208, JISX212 等の 2 オクテットコードを全角と呼ぶ事が習慣となっています. これは MS-DOS 等が標準で上記のような対応をしていたためで, たとえば Windows などではこの対応は当てはまらないようです. いわゆる「半角カナ」は JISX201 のコード 128 以上の部分を指します.

5.4.3 プログラミング言語

(1) データ構造とアルゴリズム

セマンティックギャップを埋める作業として, まず, 問題を解決する方法をコンピュータで可能な処理・計算手順化する. この手順をアルゴリズム (algorithm)

[†] 群のみが 0〜127 の 7bit で他は 8bit.
[††] インターネット RFC(Request for Comments) という推奨の形で取り決めがなされる.

と呼ぶ．アルゴリズムは入力データに対して出力データを求める手順であり，問題を解決するためのデータ構造の設計とアルゴリズムの設計が，プログラムの作成に相当する．

アルゴリズムはコンピュータの設計や後述するプログラミング言語の仕様に依っては変らないが，一つの問題を解決するアルゴリズムは，一通りではない．アルゴリズムの設計は単純明快性，速度，拡張性，汎用性に配慮して行なわれる必要がある．アルゴリズム明確に記述する方法としてフローチャートがある．

表 5.5 高水準プログラミング言語

名　称	正　式　名　称	用途・特徴
FORTRAN	FORmula TRANslater	科学技術計算用言語．数式をほぼそのまま記述できるのが特徴
ALGOL	ALGOrythmic Language	アルゴリズム記述に向いている．C, Pascalの原型
COBOL	COmmon Business Oriented Language	事務処理計算用言語．会計処理など
Pascal	Philips' Automatical Sequence Calcurator	教育用言語．構造化プログラミングに適している．
LISP	LISt Processor	人工知能研究などで利用される．関数型言語．
BASIC	Beginners' All-purpose Symbolic Instruction Code	初心者向け対話型言語．インタプリタ/コンパイラ型がある．
C/C++		現在もっとも普及しているプログラミング言語．C++はオブジェクト指向言語
Java/Java2		オブジェクト指向言語．特定のOSやマイクロプロセッサに依存しない．
Prolog	PROgramming in LOGic	人工知能研究などで利用される．推論機構を簡潔に記述できる．
REXX	REstructured eXtended eXecutor	簡易プログラミング言語
SQL	Structured Query Language	データベース操作用言語
scheme		Lisp風の関数型言語．インタプリタ方式の処理系を用いる．
RPG	Report Program Generator	報告書作成向けのプログラミング言語
smalltalk		人対話型のインタプリタ言語．世界で初めてオブジェクト指向を採用した．

(2) プログラミング言語

プログラミング言語でアルゴリズムを記述することで，コンピュータに問題解決を行わせることができる．アルゴリズムをプログラミング言語で記述したものが**プログラム**または**プログラムコード**である．プログラミング言語は世代順に最も初期の**マシン語** (Machine language)，第二世代の**アセンブラ言語**を経て，第三世代では**高水準言語**（高級言語）として数多くの言語が開発された．言語は世代の進化に伴い人間に理解しやすくなっており，高水準言語に対し，アセンブラ言語のようなコンピュータに理解しやすい言語は**低水準言語**と呼ばれる．

高級言語で記述したプログラムコードは，後述するオブジェクトコード (object code) に対して**ソースコード** (source code) とも呼ばれる．ソースコードをコンピュータで直接実行できる形にする方法は，**コンパイラ** (翻訳型：compiler) と**インタプリタ** (通訳型：interpreter) 型がある．

コンパイラ型ではソースコードをアセンブラコードに変換し，さらにアセンブラ (asembler) でオブジェクトコードを作成する．インタプリタ型ではソースコードを読込みながら，オブジェクトコードを作成したり，すでに組込みずみのオブジェクトコードを呼び出すことで，リアルタイムにプログラムを実行する．同じ言語についてコンパイラとインタプリタを使い分けることも可能である．表5.5にプログラム言語の一例を示す．言語の類別としては初期のプログラミング言語 (Fortran, COBOL 等) に対して，**構造化言語** (Pascal, C 等) ではアルゴリズムの構造化記述を取り入れ，**オブジェクト指向言語**では，オブジェクト指向の概念を取り入れている．C++, smalltalk, Java 等はオブジェクト指向言語である．ほとんどの言語は手続き型言語であるが，LISP や prolog, scheme は関数型言語に近い構造を持つ．

なお，第四世代言語として，対話形式で開発ができるようなプログラミング言語も開発されている．

近年，簡単な言語仕様とインタプリタ式の実行を行う**スクリプト**言語が開発されており，小規模なプログラム開発に有用な言語として普及している．テキストや数値処理，WWW における CGI などに利用され，種類としては awk, Perl, Python, Ruby やアプリケーションマクロの Tcl, ブラウザ上で動作する JavaScript, ECMAScript などがある．

(3) 低水準言語とアセンブラ言語

コンピュータが直接に解釈・実行できるオブジェクトコードは，マシン命令のコードの羅列でありマシン語・機械語と呼ばれる．マシン語はハードウェア・プロセッサに依存するコードで，人間には直接理解できない．アセンブラ言語はマシン語をプログラマに理解できるように簡略化した英語や，記号に置き換えたニーモニックで構成される．アセンブラ言語では無駄のない，高速なプログラム記述が可能だが，開発性や移植性は非常に悪い．また，アセンブラプログラムにはCPUについてのプログラムポインタやメモリアドレス，スタック概念等の理解が必要である．アセンブラ言語の中にもコンピュータの種類に依存しない CASL, CASLII 等があり，これは COMET, COMETII 等の架空のハードウェアに対するアセンブラ言語とされている．

(4) マークアップ言語

文書を出力するための言語で，文書にタグを埋め込む事によって文書の構造情報や修飾情報等を文書中に埋め込んでいく言語．SGML(Standard Generalized Markup Language)から始まり，これを発展させたネットワーク用 HTML(Hyper Text Markup Language), 文書作成用の TeX, LaTeX などがある．また，ネットワーク上のデータ送受信用メタ言語の XML(eXtensible Markup Language) ベースで，XHTML, SOAP, SVG, MathML などがある．

5.5 コンピュータの応用

5.5.1 数値計算

コンピュータの応用の一つに数値計算があるが，その際にコンピュータ特有の誤差や計算の特性に留意する必要がある．ここでは計算機を使う立場からその留意点について解説する．

(1) 2進法と誤差

5.4.1項で示したように，コンピュータでは実数を2進数の浮動小数点で表現する．さらにコンピュータ内部では実数を有限桁の2進数浮動小数点で扱っているため，数値を近似的にしか扱えない．そのため，数値計算においては，常に誤

差を念頭におく必要がある．

n 桁の 2 進数の精度を持つ記憶方法の場合，n 桁への丸め処理をどのように行うかで幾つかの方法がある．

単純切り捨て：$n+1$ 桁目以降は無視

単純切り上げ：$n+1$ 桁目以降全て 0 の時以外 m 桁目に $+1$

零捨一入：$n+1$ 桁目が 1 であれば m 桁目に $+1$，それ以外は切り捨て

単純切り捨て以外は，m 桁目の $+1$ により最終的に変数を再正規化する必要が生じる可能性がある．

$$誤差 = 丸めた近似値 - 真値 \tag{5.3}$$

で定義される誤差を**丸め誤差**と呼ぶ．

誤差の真値に対する割合を**相対誤差**と呼び，真値と近似値の一致の度合い精度と呼ぶ．通常相対誤差が 10^{-n} と 10^{-n-1} の間にある場合，「n 桁の精度を持つ」と呼ばれる．相対誤差に対して式 (5.3) の誤差は**絶対誤差**と呼ばれる．

このように，10 進数の世界では誤差の原因とならないように考えられる場合でも，誤差が生じうることは数値計算において留意する必要がある．一方で，整数を用いた演算では，こうした誤差は存在しない．よって，整数と実数の使い分けで誤差の問題を解決できることも考える必要がある．

(2) 演算における誤差

コンピュータの四則演算において，加減操作では誤差は絶対誤差の和および差となり，乗除操作では誤差は相対誤差の和および差となる．よって，浮動小数点演算において，乗除演算操作では，用いる変数の単精度・倍精度などによる精度から計算結果の精度も予測できる．一方，加減演算操作では用いる数値の大きさによって，計算結果の精度が大きく損なわれる可能性があることに留意する必要がある．

誤差の累積：誤差を含む加減操作を n 回繰り返した場合，その絶対誤差は n 倍になる可能性があり，これを**誤差の累積**と呼ぶ．仮にこのとき真値の計算結果が n 倍になっていなければ，計算結果の相対誤差も増大する結果となる．コンピュータでは簡単に 1 万回，10 万回等の繰り返し計算が可能になるため，こうした累積誤差の問題は，場合によっては大きく精度を失わせる可能性がある．

精度以外にも，丸め誤差の累積による以下の様な問題も生じる．10進数では有限桁で厳密に表現できる 0.1 や 0.2 等の数も，2進数では無限小数になり丸め誤差を含む．このため，

```
#include<stdio.h>
main(void)
{
  float i;
  for (i=1; i<=1.0; i+=0.1){
    printf("%f\n", i);
  }
}
```

のような C プログラムを実行すると，コンピュータによっては i=1.0 の回が実行されない．これは丸め誤差の累積により，10回目のループで $i > 1.0$ がおきてしまうためである．これは終了条件を i<=1.05 のように工夫したり，ループカウンタに整数を利用することで改善できる．

積み残し：a と b の2つの実数の加算で，$a \gg b$ である場合，b が無視されてしまう事がある場合，これを積み残しと呼ぶ．たとえば，10進数の例で七桁の有効数字を仮定した例を示すと，

$$
\begin{array}{r}
a = 333.3333 \\
+ \quad b = 0.000002222222 \\
\hline
a + b = 333.333302222222
\end{array}
$$

のような計算 (下線部は有効桁) では，b は全く加算結果に寄与していない．

桁落ち：近似値の加減処理の結果が 0 に近い結果となる場合に，大きく精度を失う現象を桁落ちと呼ぶ．たとえば，$c = a + b, a \approx b$ の場合，

$$\rho_c = \frac{\epsilon_c}{c} = \frac{\epsilon_a - \epsilon_b}{a - b}$$
$$\rho_c = \frac{\rho_a a \pm \rho_b b}{a - b} \approx \frac{a}{c} \times (\rho_a \pm \rho_b)$$

となる．ここで ϵ_i, ρ_i はそれぞれ i の絶対誤差，相対誤差である．一般に $\epsilon_a \approx \epsilon_b$ ではなく，ρ_i の符号は a, b と無関係である．よって，式に示す通り，相対誤差 ρ_c は ρ_a, ρ_b の a/c 倍となり，ρ_c は非常に増大してしまう．

桁落ちを防ぐには，

□ 数値変数に記憶する場合にそのままの値ではなくその平均値からの差を記憶する．

□ 計算式に桁落ちの危険がある場合，式を変えて桁落ちの影響を減らす．

などの方法がある．

(3) 非線形方程式の解法

数値計算により $y = g(x)$ のような非線形方程式を解く場合，$f(x) = g(x) - y = 0$ を解く形で数値計算を行う手法が一般的である．この場合，二分法や挟み撃ち法，割線法，逐次近似法を用いることができる．逐次近似法ではニュートン法などが有名である．二分法・ニュートン法の詳細を図 5.15 に示す．

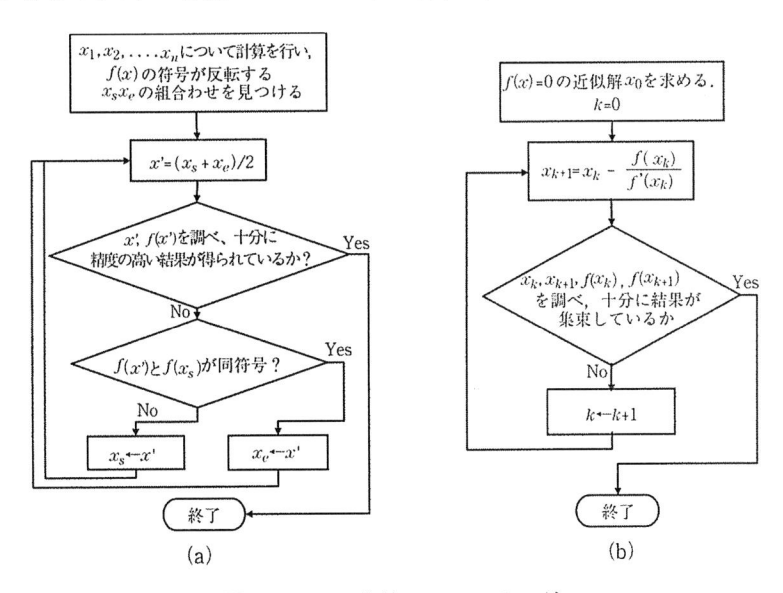

図 5.15 二分法・ニュートン法

(4) 各種数値計算法

ここではその他の数値計算のための手法を，簡単に紹介する．

一元 n 次方程式：前述の二分法や逐次近似法を用いて解くことができる．実際には解の数と近似解をうまくまとめる必要があり，解が収束するには関数のプロファイルを良く知る必要がある．特に特異点の存在や関数が x 軸へ接したり漸近する場合など注意が必要になる．

連立 N 元一次方程式：逆行列を用いた解法としてガウス・ジョルダン (Gauss-Jordan) 法，ガウスの消去法と後退代入，LU 分解が広く用いられる．N が非常に大きい場合，誤差の累積による精度の低下があり，反復改良などが組合わされる．

データ補間と補外：離散的なデータを連続した関数で繋ぎ，連続データとすること．直線で繋ぐ線形補間・補外，多項式によるラグランジェ(Lagrange) 補間・補外，三次スプライン (cubic spline) 関数を用いた補間がある．

数値定積分：等間隔に分割された関数積分では，古典的な手法として台形則 (trapezoidal rule)，ニュートン–コーツ (Newton–cotes) 公式が用いられる．台形則は図 5.16 に示すように，定間隔分点から台形の面積を使って用いる．この他分点の自由度を持つガウスの求積法 (Gaussian quadratures) や，多次元積分などにも用いやすい乱数を利用したモンテカルロ積分 (Monte-Carlo integration) がある．

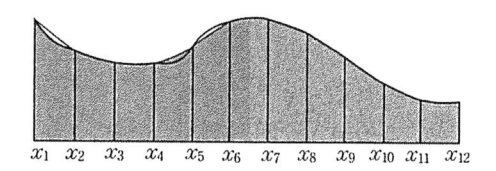

図 5.16 台形公式による数値積分

常微分方程式：常微分方程式の解法ではオイラー (Euler) 法の公式

$$y_{i+1} = y_i + hf'(x_i, y_i) \tag{5.4}$$

を用いて初期値から任意の x についての関数値 y を得るためのステップの考え方が基本となる．ここでステップ幅 h は $x_{i+1} - x_i$ である．実際には二次および四次のルンゲ–クッタ (Runge-Kutta) 法や，リチャードソン補外 (Richardson extrapolation)，予測子・修正子法がある．参考に四次ルンゲ–クッタ法のステップ式を示す．

$$\begin{aligned} k_1 &= hf'(x_i, y_i) \\ k_2 &= hf'(x_i + h/2, y_i + k_1/2) \\ k_4 &= hf'(x_i + h/2, y_i + k_2/2) \end{aligned}$$

$$k_1 = hf'(x_i + h, y_i + k_3)$$
$$y_{i+1} = y_i + k_1/6 + k_2/3 + k_3/3 + k_4/6$$

フーリエ変換：フーリエ (Fourier) 変換は，たとえば音の時間波形からその周波数スペクトルを得るなどに用いられる．N 点の離散フーリエ変換を高速に計算するアルゴリズムとして，**FFT**(Fast Fourier Transfer) が有名である．離散フーリエ変換では，時間波形の標本化 (sampling) 周期 Δ から得られるスペクトルプロファイルの周波数範囲は $-f_C \sim f_C$ となり，$f_C = (2\Delta)^{-1}$ をナイキストの臨界周波数と呼ぶ．FFT では $N = 2^M$ 個の複素数離散データから，周波数 $f_i = 0, 1/N\Delta, 2/N\Delta, \ldots 1/2\Delta N$ の周波数成分を複素数の形で出力する．FFT とその逆変換は，周波数デジタルフィルタ・畳み込み積分・逆畳み込み積分・相関・自己相関などに用いられる．

5.5.2 コンピュータによるデータ通信

コンピュータは単独で動く機器としてよりも，データ通信を行う機器として広く普及している．コンピュータによるデータ通信は，広義ではコンピュータシステムの構成にもちいられるコンピュータと外部機器間の通信と，コンピュータネットワーク間の通信で行われるものを含むが，狭義の通信では後者のみを指す．

(1) 直列伝送と並列伝送

図 5.17 に示すように，データ通信の方式には 1 本の信号線にデータを 1 ビットずつ順次流す**直列伝送** (シリアル伝送, serial transmission) 方式と，複数の信

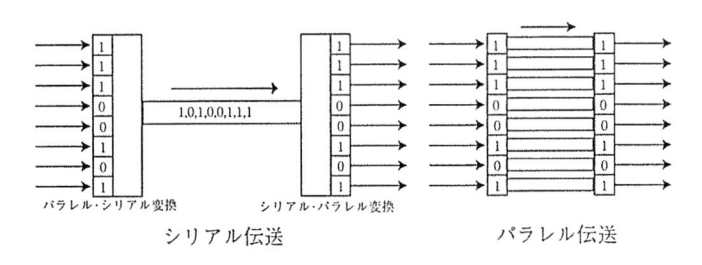

図 **5.17** データ伝送法 (左：シリアル伝送，右：パラレル伝送)

号線に並列にデータを流す**並列伝送** (パラレル伝送, parallel transmission) がある．シリアル伝送はデータ伝送回線のコストが高い場合などに用い，1本の伝送線でデータをやり取りする．パラレル伝送はデータ伝送線が複数になるため，原理的にはシリアル伝送より高速になるが，伝送線のコストやインターフェイスが複雑になる．シリアル伝送は伝送線の高速化により高速化できるが，パラレル伝送では各信号線の同期も必要となる．

(2) アナログ伝送とディジタル伝送

コンピュータのディジタル情報の伝送方法は，ディジタル伝送路を用いてそのまま伝送を行う方法と，従来のアナログ伝送路を用いて図 5.18 (左) のように行うアナログ伝送がある．アナログ伝送では送信側で信号を変調し，受信側で復調する．変調の種類には基本的には振幅変調 (AM)，周波数変調 (FM)，位相変調 (PM) などがあり，現在は高品質伝送のため，振幅位相変調 (AM-PM) や直交振幅変調 (QPM) が用いられている．図 5.18(右) は AM-PM 方式の 2 振幅 2 位相方式の例で，2 つの位相 ($0°$, $90°$) と 2 つの振幅を 0,1 に対応させることで四状態を一周期で表すことができる．

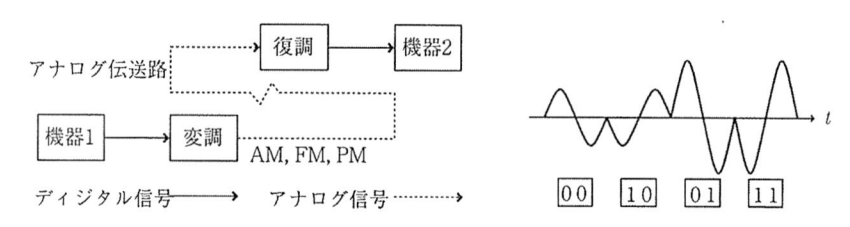

図 **5.18** アナログ伝送による通信 (左) と 2 振幅 2 位相変調方式の例 (右)

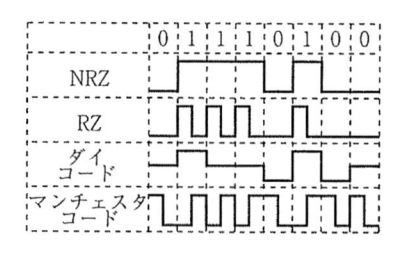

図 **5.19** ベースバンド伝送

ディジタル伝送はアナログ伝送に比べ雑音や歪みに強いが，高速通信が要求されるため高品位の伝送路が必要となる．ディジタル伝送における符号化はベースバンド伝送と呼ばれる．図 5.19 にその種類を幾つか示す．

(3) 通信方向とトポロジー

データ伝送方向に関する分類では，一方通行である単行通信 (Simplex)，一つの伝送路を方向切替による双方向通信として利用する半二重通信，2 つ伝送路を用いて常に双方向通信を行う全二重通信がある．機器の接続形態 (トポロジー, topology) による分類を図 5.20 に示す．2 点間の通信はポイントツーポイント (point-to-point) 型，多数間通信としてはトポロジーの違いから，スター型，デージーチェーン (daisy chain) 型またはバス (bus) 型，リング (ring) 型またはループ (loop) 型といった種類がある．

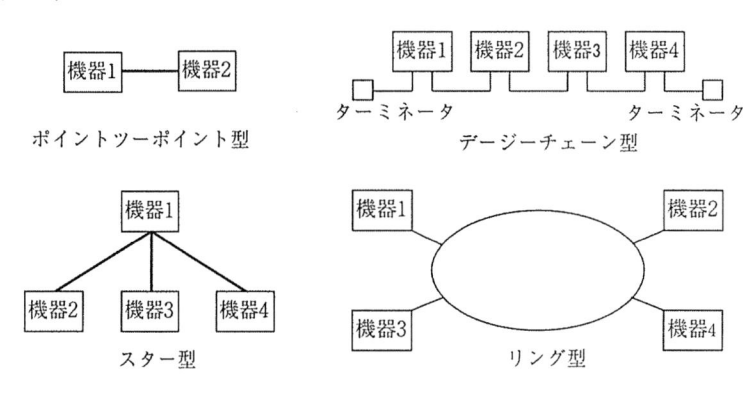

図 5.20 機器接続のトポロジー

(4) 通信速度

コンピュータ等の機械による情報の伝送速度 R (単位:bps, bit/sec) は，

$$R = \sum_{i=1}^{m} \frac{1}{T} \log_2 n_i \ [\text{bit/sec}] \tag{5.5}$$

で与えられる．ここで，m は信号伝送路の数，n_i は i 番目の伝送路の状態の数 (0,1 で $n_i=2$)，T は信号の長さである．また，単位時間当りの変調回数を示す変調速度 (単位:Baud) は，一回の変調で表せる状態数を M とすると，変調速度は $R/\log_2 M$ で与えられる．

(5) OSI 参照モデル

コンピュータ通信は異機種・異 OS 間でも行われるため，アーキテクチャの標準化は重要となる．ISO が標準化したものが **OSI**(Open System Interconnection) 参照モデルである．図 5.21 のように 7 階層からなり，各層におけるプロトコルを定義すると同時に，下位の層が上位の層に対してサービスを提供する形となっている．

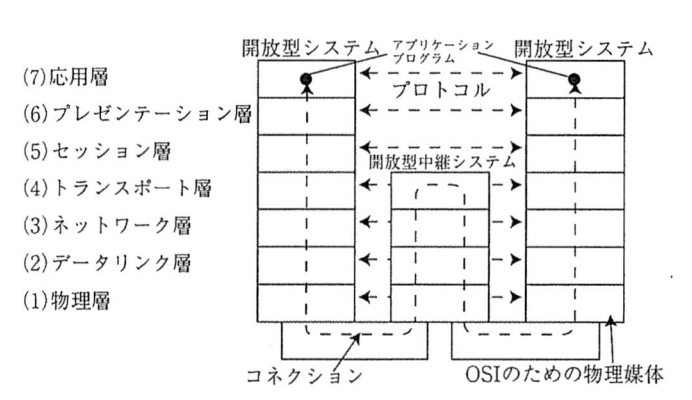

```
              開放型システム アプリケーション 開放型システム
                           プログラム
(7)応用層                      プロトコル
(6)プレゼンテーション層
(5)セッション層            開放型中継システム
(4)トランスポート層
(3)ネットワーク層
(2)データリンク層
(1)物理層

              コネクション    OSIのための物理媒体
```

図 5.21 OSI 参照モデル

物理層：ケーブル・コネクタの形状，信号電圧などの電気的・物理的条件に関する規定

データリンク層：通信ルートや誤り制御など，隣り合う装置間のデータ伝送を行うための規定

ネットワーク層：ネットワーク上での通信相手の決定や，転送ルートなどのネットワーク上のデータ送受信に関する規定

トランスポート層：これより下位の機構の違いによらない均質な伝送を提供するためのネットワークプロトコル等に関する規定

セッション層：種々のアプリケーションのための共通の論理的通信機能 (対話・同期など) を規定

プレゼンテーション層：情報交換における表現形式の規定．ファイルやデータベース，図形等についての標準表現方式を提供するための規定

応用層：通信における個々のアプリケーションプログラムや，情報の持つ意味

の相違を吸収して，OSI 参照モデルで使えるようにするための規定

(6) コンピュータネットワーク

コンピュータを通信機構で相互に接続し，その処理能力や情報の資源を共用する状態をコンピュータネットワークと呼ぶ．コンピュータネットワークは，国や国際規模の広域をカバーする WAN(Wide Area Network) と一部地域を対象とした LAN(Local Area Network) と呼ぶ．**分散処理**はネットワークに接続した複数のコンピュータで相互に協調して情報処理を行うことで，負荷の分散や拡張性・信頼性を向上させる．通信機能については，OSI 参照モデルなどを参考に**通信プロトコル**を決定することが推奨されている．LAN などに用いられる標準的なプロトコルには，RS-232C や RS-422 など中低速通信用の EIA 規格や，CCITT 勧告による規格，IEEE802 規格，TCP/IP などがある．

(7) インターネットと **TCP/IP** プロトコルスキーム

インターネットは各国の大学・企業・商用のコンピュータ通信ネットワークなどを接続した結果作られた，世界的な規模のネットワークである．1969 年に米国の軍事機関のプロジェクトとしてスタートし，1990 年ごろからは各国の研究施設の LAN が相互接続した．日本では 1984 年の JUNET，1988 年の WIDE プロジェクトを経て，各商用のパソコン通信ネットワークの接続から急速に普及した．インターネットではパケット交換を用いた通信を採用しており，**TCP/IP** プロトコルが主に用いられている．

表 5.6 に OSI 参照モデルに対応した TCP/IP プロトコルを示す．OSI 参照モデルほど深い階層を持たず，簡略化されている．

表 **5.6** TCP/IP プロトコル

OSI 層	TCP/IP 層	種 類
OSI 第 5～7 層	アプリケーション層	HTTP, SMTP, POP, FTP, Telnet, DHCP, NTP, DNS, Gopher, NetBIOS, SNMP, NFS
OSI 第 4 層	トランスポート層	TCP, UDP
OSI 第 3 層	インターネット層	IP(IPv4, IPv6), ICMP, IGMP, ARP, RARP, OSPF, PPP, イーサネット, ISDN, ADSL, トークンリング等
OSI 第 1～2 層	ネットワーク層	

IP(Internet Protocol) はパケット通信を行うためのプロトコルで，コンピュータに IP アドレスを設けて通信を確定する．IPv4 は 2002 年現在主流で使われている規格で，将来的には IPv6 への移行が進む．ICMP(Internet Control Message Protcol) は制御診断用，ARP(Address Resolution Protocol) は IP アドレスと MAC アドレスの変換に関係する．

TCP(Transmission Control Preotocol) は信頼性のあるコネクション指向の配信サービスで，ハンドシェークを用いた通信を行う．一方，UDP(User Datagram Protocol) は信頼性のないベストエフォート型・コネクションレスのプロトコルである．

アプリケーション層では各種のインターネットのサービスに対応したプロトコルがある．代表的なものとしては，

POP：(Post Office Protocol) 電子メールをサーバーから取得する
SMTP：(Simple Mail Transfer Protocol) 電子メールの配送を行う
HTTP：(Hyper Text Transfer Protocol) WWW で用いる
FTP：(File Transfer Transfer Protocol) ファイルの転送を行う
Telnet：コンピュータの遠隔操作を行うがある．

演習問題

5.1 以下のビットデータについて，右端を LSB と見なして，16 進数に変換せよ．また，逆に左端を LSB と見なした場合についても答えよ．

$$1010\ (4\ \text{ビット})$$
$$01101000\ (8\ \text{ビット})$$
$$001111101000\ (12\ \text{ビット})$$

5.2 排他的論理和 (XOR) および包含 (IMP) を論理和・論理積・否定を組み合わせて設計し，ブール代数式として表せ．また，以下の式を導け．

$$(x+y)\overline{(xy)} = \overline{x}y + A\overline{y}$$

5.3 CD-ROM では波長 $\lambda = 780\text{nm}$，$NA = 0.45$ のレンズで 0.83μ のピットを読取っている．集光したビームのスポットサイズ＝ピッとサイズとすると，

k ファクタはいくらになるか．また同様の k を用いて，$NA = 0.83$ とするとピットサイズはいくらまで読取れるか．

5.4 -3.1415 を IEEE 単精度で表現した場合の s, e, f のビットパターンを求めよ．

5.5 2進数のデジタル伝送数で，パルス幅 $1\mu s$ のデータ伝送速度を求めよ．また，アナログ伝送の 2 位相 2 振幅変調 ($M = 4$) でデータ伝送速度が 9600bps であるときの変調速度を求めよ．

6 半導体デバイス

6.1 半導体の基礎

6.1.1 原子の構造

すべての物質は原子 (atom) で構成されている．原子は，原子核 (nucleus) とそれを取りまく電子 (electron) とからなる．電子は一定の負の電荷 $-e$ を持つ素粒子で，e の値は

$$e = 1.60217733 \times 10^{-19} \text{ C} \tag{6.1}$$

である．この値は，電気素量と呼ばれる．それは，どんな粒子の持つ電荷量も必ずこの値の整数倍になっているからである．原子核は原子の中央に位置し，$+e$ の正の電荷を持った陽子 (proton) と，電気的に中性の中性子 (neutron) とで構成されている．原子番号 (atomic number) Z の原子は，Z 個の陽子と Z 個の電子を持ち，全体としては電気的に中性である．原子の化学的性質は，原子番号に強く依存している．

ボーア (Bohr) は，気体放電により放射される光の線スペクトルの規則性を説明するため，次の仮説を提唱し，原子構造の模型を導いた．

「電子は原子核の周囲を円軌道を描きながら回転する．その際，幾つかの限られた飛び飛びの軌道だけが許される．(量子化条件)」

図 6.1 に示すように，円軌道の半径を r，原子核が持つ電荷を Ze，電子の質量を m_e ($9.1093897 \times 10^{-31}$ kg)，速度を v とすると，電子の全エネルギー E は，軌道上の静電ポテンシャルと運動エネルギーの和で表され，次式となる．

$$E = -\frac{Ze^2}{4\pi\varepsilon_0 r} + \frac{m_e v^2}{2} \tag{6.2}$$

ここで，ε_0 は真空の誘電率 ($8.854187817 \times 10^{-12}$ F/m) である．

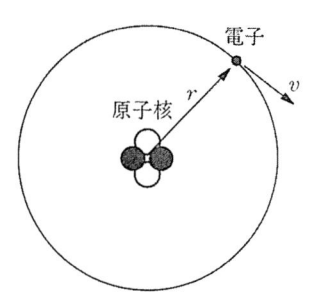

図 **6.1** 原子モデル

円軌道を描いている電子に働く遠心力は，原子核の正電荷との間のクーロン力と平衡しており次式が成立する．

$$\frac{m_e v^2}{r} = \frac{Ze^2}{4\pi\varepsilon_0 r^2} \tag{6.3}$$

上記の2つの式から v を消去すると，次式が得られる．

$$E = -\frac{Ze^2}{8\pi\varepsilon_0 r} \tag{6.4}$$

すなわち，電子の全エネルギーは軌道半径に反比例する．古典力学では，軌道の半径 r は，連続の値をとることができる．しかし，量子力学によれば，電子の描く軌道の半径は，連続の値をとることができず，ボーアの量子条件を満たす軌道のみが安定に存在する．ボーアの量子条件によれば，電子の角運動量は，$\frac{h}{2\pi}$ の整数倍の値しかとることができない．

$$m_e v r = n\frac{h}{2\pi} = n\hbar \quad (n = 1, 2, 3, \cdots) \tag{6.5}$$

ここで，h はプランク定数 (Planck's constant, $6.6260755 \times 10^{-34}$ J·s) である．式 (6.3), (6.4), および (6.5) より，内側より n 番目の軌道の半径 r_n および電子の全エネルギー E_n は，次のようになる．

$$r_n = \frac{\varepsilon_0 h^2}{\pi m_e Z e^2} n^2 \tag{6.6}$$

$$E_n = -\frac{m_e Z^2 e^4}{8\varepsilon_0 h^2} \cdot \frac{1}{n^2} \tag{6.7}$$

式 (6.7) よりわかるように，電子の全エネルギーは，離散的な値をとる．電子がとることのできる離散的なエネルギー値を，エネルギー準位 (energy level) という．

ボーアの原子模型は，線スペクトルの規則性をきわめてよく説明するが，線スペクトルの微細構造や光の強弱など，解釈のつかないところもある．これらを説明するためには，原子内の電子の配置に関する，より詳しい議論が必要となる．ド・ブロイ (de Broglie) の物質波 (matarerial wave) の仮説に基づくと，電子のような微小粒子は同時に波動性をもつ．その仮説によると，微小粒子の質量を m，速度を v とすると，次式で与えられる波長 λ の波を伴っている．

$$\lambda = \frac{h}{mv} \tag{6.8}$$

シュレディンガー (Schrödinger) は，ド・ブロイの提唱した物質波の概念をもとに，次式のような波動方程式 (wave equation) を導いた．

$$-\frac{\hbar^2}{2m}\nabla^2\phi + V\phi = E\phi \tag{6.9}$$

$$\nabla^2 = \frac{\partial^2}{\partial x^2} + \frac{\partial^2}{\partial y^2} + \frac{\partial^2}{\partial z^2} \tag{6.10}$$

ここで，V はポテンシャルエネルギーである．ϕ は波動関数 (wave function) と呼ばれ，$|\phi|^2$ は電子の存在確率を与える．

微分方程式 (6.9) は，E が特定の値 (固有値) をとるときのみ解を持ち，幾つかの解 (電子状態) を与える．それらの解を区別するために，次の 4 つの量子数 (quantum number) を用いる．

（1）主量子数 (principal quantum number) n

電子の状態を区別するのに最も重要な量子数で，正の整数 n で表される．n が小さいほど電子のエネルギーが低い．表 6.1 に示すように主量子数の等しい軌道群を殻 (shell) といい，内殻から順に K, L, M, N, ⋯ 殻という．

（2）方位量子数 (azimuthal quantum number) l

電子軌道の形状を区別する量子数で，$0, 1, 2, \cdots, (n-1)$ の n 個の値をとる．これらは，分光学的表記を用いて，s, p, d, f, ⋯ と表されることが多い．n の値が同じであれば，l が小さい方がエネルギーが低い．

（3）磁気量子数 (magnetic quantum number) m

表 6.1 殻と量子数

殻	K	L		M			N			
主量子数 n	1	2		3			4			
方位量子数 l	0	0	1	0	1	2	0	1	2	3
軌道名	1s	2s	2p	3s	3p	3d	4s	4p	4d	4f
軌道の電子数	2	2	6	2	6	10	2	6	10	14
殻の電子数	2	8		18			32			

電子の角運動量の z 成分に対応し, $-l, -(l-1), \cdots, 0, \cdots, (l-1), l$ の $(2l+1)$ 個の値をとる. n と l が同じ場合, 外部から磁界を印加しない限り磁気量子数の違いは区別できない.

（4）スピン量子数 (spin quantum number) s

電子の自転（スピン）を量子化したもので, $+1/2$ または $-1/2$ の値をとる.

パウリの排他原理 (Pauli's exclusion principle) によれば, 1 つの電子状態には, 1 つの電子しか入り得ない. したがって, 原子を構成している電子は, 原子のエネルギーが最小になるように, 低いエネルギーの電子状態から順につまっていく. 表 6.1 には各軌道に入る電子の数も示している. 主量子数 n の殻に入る電子の総数は, $2n^2$ である. ある殻に収容されている電子数が, その殻に与えられた最大数 $(2n^2)$ に等しい場合, その殻を閉殻 (closed shell) と呼ぶ. 完全に満たされていない殻がある場合, その殻に存在する電子は価電子 (valence electron) と呼ばれ, その原子の化学的性質を決定する.

6.1.2 エネルギー帯

孤立原子に属する電子は, その量子数できまる軌道を描き, 離散的なエネルギー値をとる. 原子を近接させ, かつ規則的に並べて結晶を構成すると, 各原子に属する電子は, 互いに影響を及ぼし合うようになる. 図 6.2 に示すように, 原子間の距離が長いとき, 電子は量子数で決まる原子固有の軌道を描き, 離散的なエネルギー準位をとる. このエネルギー準位は, 原子間距離が短くなると, 相互作用により, 結晶を構成する原子の数に相当する準位に分離する. 結晶を構成する原子の数は非常に多いので, これらの分離した準位は重なってほぼ連続的に分布し,

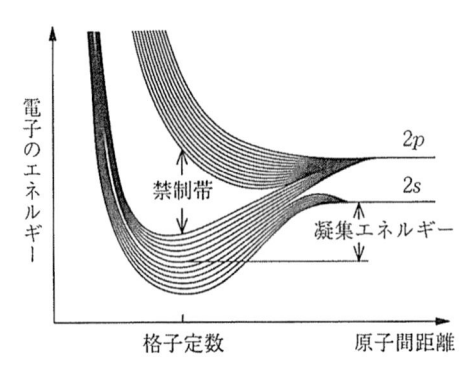

図 6.2 エネルギー帯構造の形成モデルの模式図

エネルギー帯 (energy band) を形成するようになる.†

図 6.2 より，原子間距離が結晶における原子間隔（格子定数）になると，電子が存在することのできるエネルギー帯がいくつか存在することがわかる．これを許容帯 (allowed band) と呼ぶ．また，許容帯と許容帯の間で電子の存在が許されないエネルギー範囲を，禁制帯 (forbidden band) と呼ぶ．

電子が完全につまった許容帯を充満帯 (filled band) と呼び，最もエネルギーが高い充満帯を価電子帯 (valence band) と呼ぶ．これは，帯内の電子が結合に関与している価電子であるからである．充満帯の電子は，外部から電界を印加しても，エネルギーの少し高いところに空の準位がないので動くことができず，電気伝導に寄与しない．一方，空または一部つまっている許容帯を伝導帯 (conduction band) と呼ぶ．伝導帯の電子は，印加電界により容易に移動して電気伝導に寄与する．この電子を自由電子 (free electron) と呼ぶ．

図 6.3(a) の場合，価電子帯の高エネルギー側に，電子が一部つまった伝導帯が存在している．伝導帯に存在する電子は，電界からエネルギーを得て，伝導帯内の少し上の空の準位に移ることができるので自由電子となり，電気伝導に寄与する．したがって，この場合は良好な導電体（導体）となる．一方，図 6.3(b) の場合には，価電子帯の高エネルギー側に，禁制帯をへだてて，完全に空の伝導帯が存在している．電気伝導には，価電子帯の電子に禁制帯幅 (energy gap)E_g 以上

---

† このようなエネルギー帯形成モデルを孤立原子近似という．

6.1 半導体の基礎

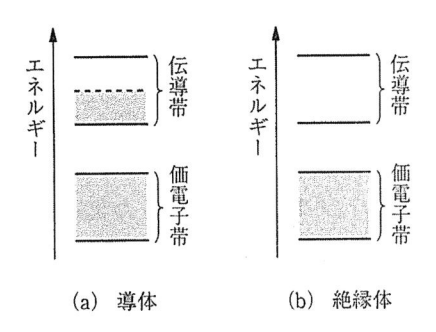

(a) 導体　　(b) 絶縁体

図 **6.3** 導体，絶縁体のエネルギー帯構造

のエネルギーを与え，空の伝導帯に移らせる必要がある．禁制帯幅が比較的に大きい場合，抵抗率が非常に大きな絶縁体となる．

図 6.3(b) のようなエネルギー帯構造をもつが，禁制帯幅が比較的小さいものを半導体と呼ぶ．半導体では，価電子帯の電子は，室温の熱エネルギーを得て禁制帯を飛び越えて，伝導帯に励起されることができるので，伝導帯には多数の自由電子が存在するようになる．したがって，半導体では絶縁体に比べて抵抗率が小さくなる．[†]

固体中での電気伝導を議論する場合，電子輸送に関与する伝導帯と価電子帯を簡略し，図 6.4 のように，価電子帯の頂 E_V，伝導帯の底 E_C のみを表示することが多い．

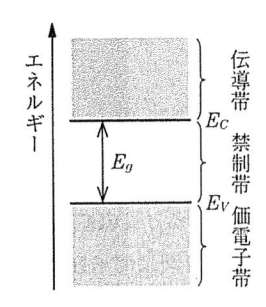

図 **6.4** 半導体のエネルギー帯構造（簡略表現）

[†] 半導体に分類される，Ge(ゲルマニウム)，Si(シリコン)，C(ダイヤモンド)，GaAs(ガリウムヒ素) の E_g は，室温で，それぞれ，0.66, 1.12, 5.5, 1.42 eV であり，絶縁体に分類される SiO_2 の E_g は 9 eV である．

6.1.3 フェルミ・ディラック統計

自由電子のエネルギー分布を統計的に扱う場合，気体分子などが従うマクスウェル・ボルツマン (Maxwell-Boltzmann) 統計を用いることができず，フェルミ・ディラック (Fermi-Dirac) 統計を用いなければならない．フェルミ・ディラック統計によれば，自由電子がエネルギー E 〔eV〕の状態を占有する確率 $F(E)$ は次式で表される．

$$F(E) = \frac{1}{1 + \exp(\frac{e(E-E_F)}{k_B T})} \tag{6.11}$$

ここで，k_B はボルツマン定数 $(1.38 \times 10^{-23}$ J/K$)$，T は絶対温度〔K〕である．この関数のエネルギー依存性を図 6.5 に示す．ここで，E_F はフェルミ準位 (Fermi level) と呼ばれ，電子の占有確率が 1/2 となるエネルギー準位である．

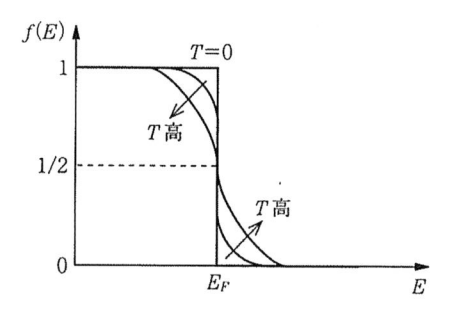

図 6.5 フェルミ・ディラック分布

6.1.4 半導体とキャリア

Si や Ge 等多くの半導体は，共有結合により結晶化している．結晶構造は図 6.6 に示すようなダイヤモンド構造をとる．この結晶構造を 2 次元的にモデル化すれば，図 6.7 のようになり，エネルギー帯図は図 6.8 のようになる．図 6.8 において，禁制帯幅 E_g は共有結合の強さと相関がある．E_g が比較的小さい場合，室温の熱エネルギーでも共有結合が切れる．これをエネルギー帯図を用いてモデル化すると，図 6.7 に示すように，自由電子と電子の抜け穴ができた状況となる．この電子の抜け穴には，結合に寄与している他の価電子が移ることができる．価電子が

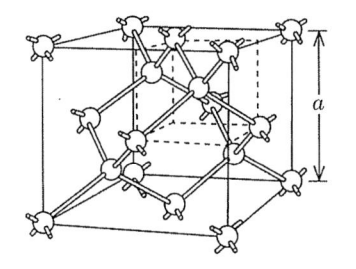

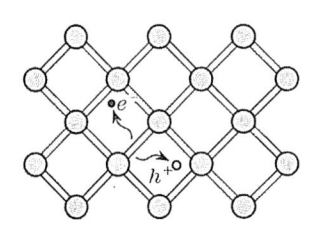

図 6.6　ダイヤモンド構造　　図 6.7　真性半導体の結合モデル図

移った跡には，再び抜け穴が生じる．すなわち，価電子が電子の抜け穴を順につめてゆくが，これは，電子の抜け穴が価電子とは反対の方向へ，正の電荷を運んでゆく現象と見なせる．したがって，価電子帯に存在する電子の抜け穴を，正孔 (hole) と呼ぶ．半導体では，伝導帯に存在する自由電子と，価電子帯に存在する正孔が電荷を運び，電気伝導に寄与する．電気伝導に寄与する自由電子，正孔をキャリア (carrier) と呼ぶ．通常，自由電子と正孔は対になって生成される．これを電子・正孔対生成 (electron-hole pair generation) と呼ぶ．図 6.8 に，この様子を模式的に示している．不純物を含まず純粋な半導体では，低温では電子・正孔対が生成されず，キャリアがないため，抵抗率が非常に大きい．温度を上げ，熱エネルギーを与えると，上記のように電子・正孔対が生成され，導電性をもつようになる．このような純粋な半導体を真性半導体 (intrinsic semiconductor) と呼ぶ．真性半導体では，フェルミ準位は，禁制帯のほぼ中央に位置する．

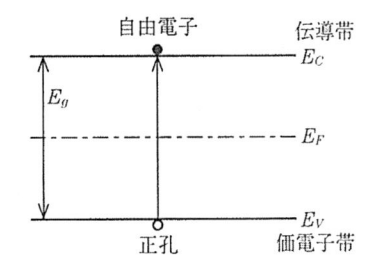

図 6.8　真性半導体のエネルギー帯図

半導体にある種の不純物を添加すると，自由電子，あるいは正孔のいずれかを増加させるこができる．このような半導体を不純物半導体 (impurity semiconductor) と呼ぶ．電子が過剰に存在する半導体を n 形半導体 (*n*-type semiconductor)，正孔が過剰に存在する半導体を p 形半導体 (*p*-type semiconductor) と呼ぶ．

たとえば，Si に不純物として V 属元素 (P, As, Sb など) を添加すると，図 6.9 に模式的に示すように，不純物原子は結晶格子の Si 原子と置換して格子点に入る．V 属の不純物原子は最外殻に 5 個の価電子をもつ．このうち 4 個は隣接する Si 原子と共有結合を形成する．残り 1 個の価電子は，わずかのエネルギーで不純物原子の束縛から離れて自由電子となる．したがって，自由電子が過剰となって n 形半導体となる．このように自由電子を放出する不純物をドナー (donor) と呼ぶ．図 6.10 に，n 型半導体のエネルギー帯構造を示す．禁制帯の伝導帯に近いところにドナー準位 (donor level) E_D ができる．フェルミ準位は，禁制帯の中央より伝導帯側に位置する．

一方，不純物として III 属元素 (B, Al, Ga, In など) を添加すると，図 6.11 に示すように，不純物は結晶格子の Si 原子と置換して格子点に入る．III 属の不純物原子は最外殻に 3 個の価電子しかもたないので，Si と共有結合を形成するには価電子が 1 つ不足する．このため，隣接する Si 原子から価電子を 1 個取って共有結合を形成する．価電子を取られた Si 原子には，電子の抜け穴，すなわち，正孔ができる．この結果，正孔が過剰となって p 形半導体となる．このように正孔を放出する不純物をアクセプタ (acceptor) と呼ぶ．p 形半導体のエネルギー帯図

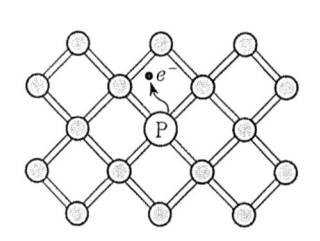

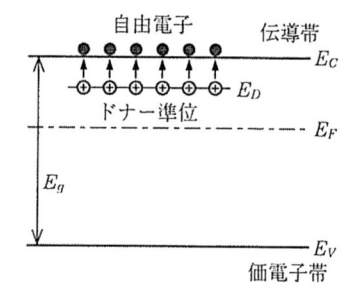

図 **6.9** n 形半導体の結合モデル図　図 **6.10**　n 形半導体のエネルギー帯図

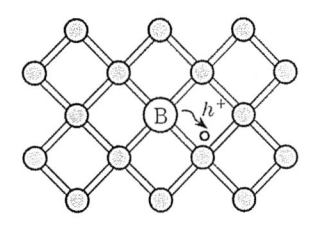

図 **6.11** p形半導体の結合モデル図

を図 6.12 に示す．禁制帯の価電子帯に近いところにアクセプタ準位 (acceptorr level)E_A ができる．フェルミ準位は，禁制帯の中央より価電子帯側に位置する．

n形半導体では自由電子が多数存在するが，熱エネルギーによる電子・正孔対生成等により，少数の正孔も存在する．同様に，p形半導体では正孔が多数存在するが，少数の自由電子も存在する．このように，多数を占めるキャリア（n形半導体では自由電子）を多数キャリア (majority carrier)，少数のキャリア（n形半導体では正孔）を少数キャリア (minority carrier) と呼ぶ．

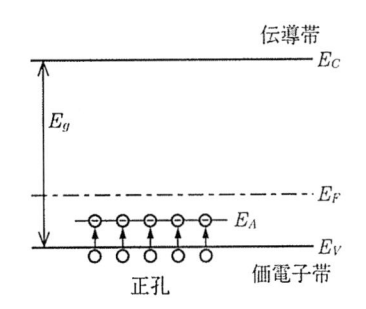

図 **6.12** p形半導体の結合モデル図

6.1.5 キャリアの輸送

図 6.13 に示すように，半導体に外部電界 F〔V/m〕を印加すると，キャリアが自由電子の場合には，外部電界と逆方向に動く（ドリフトする）．自由電子のドリフト速度 (drift velocity) v_d〔m/sec〕は，

$$v_d = -\mu_n F \tag{6.12}$$

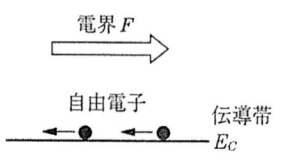

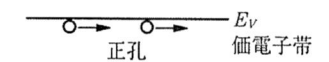

図 6.13 電界による電子，正孔のドリフト

と表される．係数 μ_n $[\mathrm{m^2\,V^{-1}\,s^{-1}}]$ は電子のドリフト移動度 (drift mobility) と呼ばれる．自由電子の密度を n $[\mathrm{m^{-3}}]$ とすると，電荷密度 q $[\mathrm{C/m^3}]$ は，

$$q = -en \tag{6.13}$$

で表される．この電荷の移動による電流はドリフト電流と呼ばれ，その電流密度 J $[\mathrm{A/m^2}]$ は，

$$J = qv_d = en\mu_n F = \sigma F \tag{6.14}$$

で与えられる．ここで，σ $[\mathrm{S/m}]$ は導電率 (conductivity) で，

$$\sigma = en\mu_n \tag{6.15}$$

である．導電率の逆数が抵抗率 (resistivity) ρ $[\Omega \cdot \mathrm{m}]$ である．

キャリアが正孔の場合，電界を印加すると正孔は電界と同方向にドリフトするので，式 (6.12) の符号が変わる．また，式 (6.13) の符号も変わる．したがって，キャリアとして自由電子と正孔の両方が存在する場合，導電率 σ は次式で表される．

$$\sigma = e(n\mu_n + p\mu_p) \tag{6.16}$$

ここで，p は正孔の密度，μ_p は正孔の移動度である．

半導体を流れる電流には，上記のドリフト電流のほかに，キャリア密度が空間的に不均一な場合に生じる拡散電流 (diffusion current) がある．正孔の拡散電流を模式的に図 6.14 に示す．点 x, $x + dx$ における正孔密度を，それぞれ $p(x)$, $p(x + dx)$ とすると，次式が成り立つ．

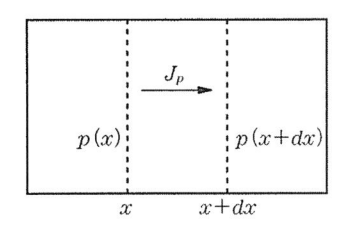

図 6.14 正孔の拡散電流

$$p(x+dx) = p(x) + \frac{dp}{dx}dx \tag{6.17}$$

$p(x) > p(x+dx)$ の場合，左から右への正孔の流れができる．正孔の拡散による電流は，次式で与えられる．

$$J_p = -eD_p\frac{dp}{dx} \tag{6.18}$$

ここで，D_p [m^2/sec] を正孔の拡散係数と呼ぶ．同様に，自由電子密度が空間的に不均一な場合，次式で表される拡散電流が流れる．

$$J_n = eD_n\frac{dn}{dx} \tag{6.19}$$

ここで，D_n [m^2/s] は自由電子の拡散係数である．

6.1.6 pn 接合

1つの半導体に p 型領域と n 型領域を形成した場合，p 形領域と n 形領域とが互いに接している領域を pn 接合 (pn junction) と呼ぶ．pn 接合を形成すると，n 形領域から p 形領域へ自由電子が，p 形領域から n 形領域へは正孔が，それぞれ拡散により移動する．平衡状態では，n 形領域，p 形領域のフェルミ準位が一致し，そのときのエネルギー帯構造は図 6.15 に示すようになる．この図において，V_d は拡散電位 (diffusion potential) と呼ばれ，pn 接合を形成する前の p 形領域，n 形領域におけるフェルミ準位の差に等しい．pn 接合近傍の n 形領域から p 形領域へ自由電子が，p 形領域から n 形領域へ正孔が，それぞれ拡散により移動した結果，pn 接合の n 形領域側では正にイオン化したドナーが残り，p 形領域側では負にイオン化したアクセプタが残った領域が生じ，電気二重層が形成され

る．この領域にはキャリアがないので空乏層 (depletion layer) と呼ばれる．n 形および p 形領域における，伝導帯の底の差，または価電子帯の頂の差は，n 形領域の自由電子が p 形領域へ，p 形領域の正孔が n 形領域へ移動するのを阻止する電位差に相当し，電位障壁 (potential barrier) と呼ばれる．半導体デバイスの大部分がこの pn 接合を基本要素としている．

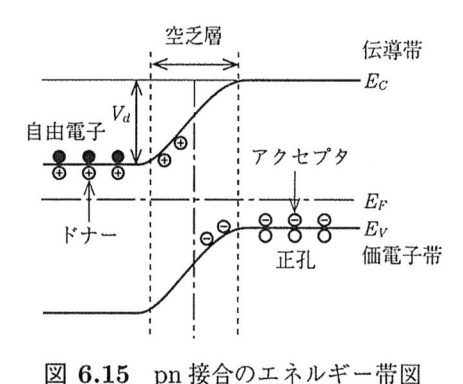

図 **6.15** pn 接合のエネルギー帯図

6.2 ダイオード

pn 接合に対し，p 形領域が正，n 形領域が負になるように外部電圧（バイアス）を加えると，図 6.16 に示すように，この電圧は電位障壁を下げるように働く．その結果，n 形領域中の自由電子は p 形領域に，p 形領域中の正孔は n 形領域に移動する．これにより，それぞれの領域の少数キャリアが増加する．少数キャリアを増加させることを注入 (injection) と呼ぶ．一方，外部電圧の極性を切り替え，図 6.17 のように n 形領域が正，p 形領域が負となるようにすると，電位障壁は大きくなり，キャリアはますます移動できにくくなる．このように，印加電圧の極性に応じ，ある向きのみに電流が流れやすく，その逆向きには電流が流れにくい．これを整流作用と呼ぶ．電流の流れやすい方向を順方向，流れにくい方向を逆方向と呼ぶ．

逆方向電圧を印加した場合，p 形領域の少数キャリア（自由電子）の n 形領域への移動，および n 形領域の少数キャリア（正孔）の p 形領域への移動だけが存

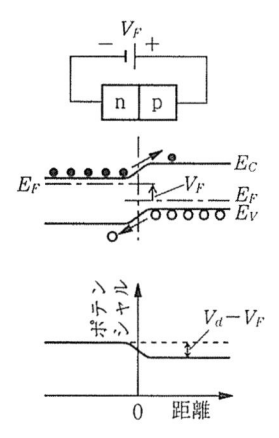

図 6.16 pn 接合のエネルギー帯図（順方向バイアス）

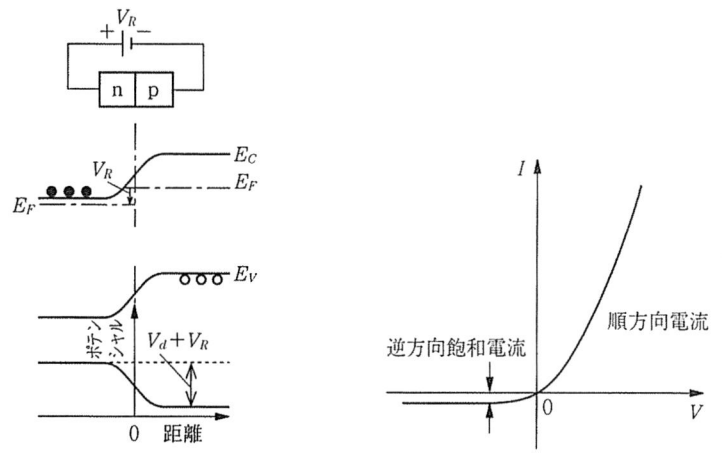

図 6.17 pn 接合のエネルギー帯図（逆方向バイアス）

図 6.18 ダイオードの電流-電圧特性

在する．それらによる電流の向きは同じであり，その和 I_s は逆方向電圧を増しても変化せず，飽和電流 (saturation current) と呼ばれる．

pn 接合に外部電圧を加えた場合の電流-電圧特性は，図 6.18 のように表される．このような非対称の電流-電圧特性を持つ 2 端子デバイスをダイオード (diode) と呼ぶ．

6.3 トランジスタ

6.3.1 バイポーラトランジスタ

バイポーラトランジスタとは,図 6.19 に示すような npn または pnp の接合構造をとる 3 端子デバイスである.中央の領域をベース (base),左右の領域をそれぞれエミッタ (emitter),コレクタ (collector) と呼び,B,E,C で表す.中央のベース領域は,数 μm 以下と極めて薄い.通常,EB 間(エミッタ接合)には順方向電圧,BC 間(コレクタ接合)には,逆方向電圧を加えた回路構成をとる.

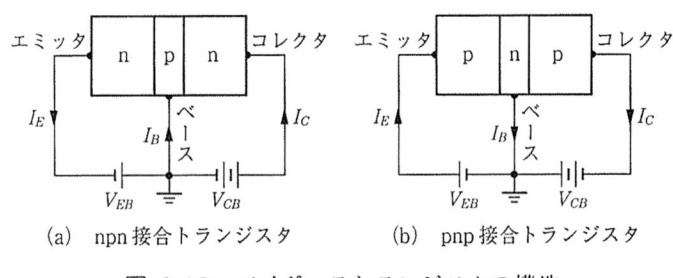

(a) npn 接合トランジスタ (b) pnp 接合トランジスタ

図 6.19 バイポーラトランジスタの構造

npn 接合トランジスタの場合のエネルギー帯図を図 6.20 に示す.エミッタ接合には順方向電圧が加えられているので,エミッタ領域からベース領域へ少数キャリア(自由電子)が注入される.注入された自由電子の一部は,ベース領域で多数キャリアの正孔と再結合して消滅し,また一部はベース電極に達してベース電流となる.しかし,ベース領域は非常に薄いため,大部分の自由電子はベース領域を通り抜け,コレクタ接合に到達する.コレクタ接合には逆方向電圧が加えられているので,ベース領域における少数キャリアである自由電子は,コレクタ領域に入って多数キャリアとなり,コレクタ電流を流す.

次に,上記のトランジスタ動作を定量化する.電流の向きは,自由電子の移動方向と逆であることに留意する.ベースからエミッタに流れるエミッタ電流 I_E は,コレクタからベースに流れるコレクタ電流 I_C とほぼ等しいが同一ではない.

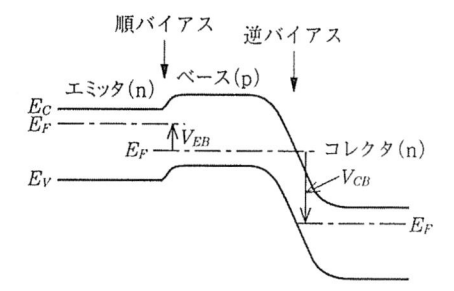

図 6.20 npnトランジスタのエネルギー帯構造（動作状態）

その割合を α とすれば，次式が成り立つ.

$$I_C = \alpha I_E + I_{CBO} \approx \alpha I_E \tag{6.20}$$

ここで，α はベース接地電流増幅率と呼ばれ，0.95 ~ 0.99 程度の値をとる．I_{CBO} は，コレクタ遮断電流と呼ばれ，逆方向電圧が印加されているコレクタ接合における飽和電流である．

トランジスタを用いて 4 端子回路を構成するために，通常，トランジスタの 3 つの電極のうちいずれか 1 つを共通にして用いる.† 図 6.21 に示すように，共通電極の選び方によって，ベース接地，エミッタ接地，およびコレクタ接地の 3 つのタイプがある．図ではトランジスタを記号で示してあるが，npn 形および pnp 形ではエミッタの矢印の向きが互いに逆となる．

エミッタ接地の場合，キルヒホッフの法則より，

$$I_E = I_B + I_C \tag{6.21}$$

である．この場合，エミッタ接地電流増幅率 β は，

$$\beta = \frac{I_C}{I_B} = \frac{I_C}{I_E - I_C} = \frac{\alpha}{1-\alpha} \tag{6.22}$$

となる．α が 0.99 であれば β は 99 になる．すなわち，I_C は I_B の 99 倍となり，電流増幅作用があることがわかる．

---

† 入力端子 2 つ，出力端子 2 つの合計 4 端子である．

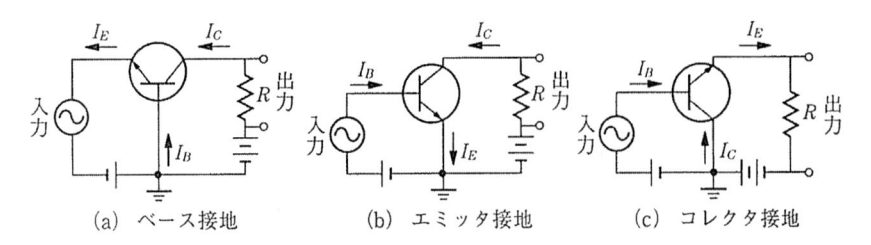

(a) ベース接地　(b) エミッタ接地　(c) コレクタ接地

図 6.21　npn トランジスタの基本回路

6.3.2　電界効果トランジスタ

電界効果トランジスタ (field effect transistor: FET) は，その電流が多数キャリアだけに依存するユニポーラのデバイスで，入力電圧によって出力電流が制御される．すなわち，電圧制御形であり，入力抵抗が極めて高い．ここでは，MOS(metal-oxide-semiconductor) 形電界効果トランジスタ (MOSFET) について述べる．

MOSFET には，自由電子が伝導に寄与する n チャネル MOSFET と，正孔が伝導に寄与する p チャネル MOSFET の 2 種類がある．n チャネル MOSFET を例にとってその動作を説明する．

図 6.22 に示すように，p 形シリコン基板の表面の 2 カ所に，n 形不純物 (ドナー) が多量に添加された n^+ 領域を形成する．これらの一方をソース (source)，他方をドレーン (drain) と呼ぶ．ソースとドレーンの間の p 形シリコンの上部にゲート酸化膜 (シリコン酸化膜 (SiO_2)) を形成する．SiO_2 は絶縁体である．その上に電極をつけてゲート (gate) とする．ソース電極の電位を基準とし，ゲートに負の電圧を印加したとき，半導体表面は p 形であるので，ソースとドレーンの間には n^+pn^+ の背中合わせのダイオードが入っており，電流はほとんど流れない．一方，ゲートに正の電圧を加えると，p 形シリコンの表面が n 形に反転し，n^+nn^+ となって導電性をもつようになる．ソースとドレーン間の n 型に反転した領域をチャネル (channel) と呼ぶ．すなわち，ゲート電圧を制御し，チャネルを形成することにより，ソースからドレーンに電流が流れることになる．

ゲート電圧 V_G を印加し，チャネルが形成されている場合の，ドレーン電圧 V_D とドレーン電流 I_D の関係を図 6.23 に示す．V_D が大きくなり，ある値を越える

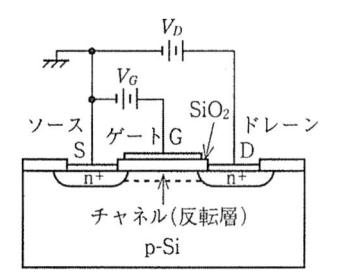

図 6.22　MOS 形電界効果トランジスタの構造

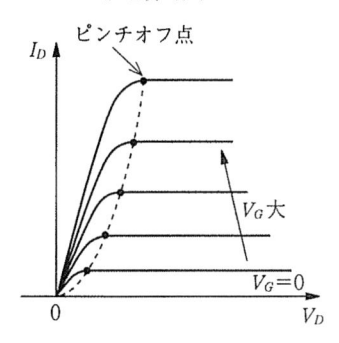

図 6.23　MOSFET のドレーン電流-ドレーン電圧特性

と，ドレーン電極近傍のチャネルが消失する（ピンチオフ）．この時の V_D をピンチオフ電圧 (V_P) と呼ぶ．ピンチオフ電圧を過ぎると，V_D を増加しても I_D は増加せず，一定値に飽和する．

6.4　半導体オプトエレクトロニクス

6.4.1　太陽電池

pn 接合に半導体の禁制帯幅 E_g よりも大きなエネルギーの光を照射すると，電子・正孔対が生成される．生成された電子・正孔対は，接合に存在する内蔵電界によって分離され，正孔は p 側に，自由電子は n 側に集められ，外部に起電力が生じる．すなわち，光エネルギーを電気エネルギーに変換することができる．このように，pn 接合を用いて太陽光を電気エネルギーに変換するデバイスを太陽電池 (solar cell) という．

pn 接合の電流-電圧特性を用いて太陽電池の動作原理を説明する．pn 接合に電圧 V を印加した場合，暗時 (光照射のない時) に流れる電流 (暗電流) I_d は，次式で与えられる．

$$I_d = I_0 \left(\exp\left(\frac{eV}{kT}\right) - 1 \right) \tag{6.23}$$

ここで，I_0 は逆方向飽和電流である．pn 接合に光を照射した場合，外部回路を流れる電流 I は次式で与えられる．

$$I = I_d - I_p \tag{6.24}$$

ここで，I_p は光照射により生成されたキャリアによる電流 (光電流) である．すなわち，図 6.24 に示すように，暗時の特性を I_p だけ下方へ平行移動したものが，光照射時の電流-電圧特性である．図において，特性曲線と電圧軸との交点を開放電圧 V_{oc} (open circuit voltage)，電流軸との交点を短絡電流 I_{sc} (short circuite current) と呼ぶ．式 (6.24) で $I = 0$ とおくことにより，開放電圧 V_{oc} は次式のように与えられる．

$$V_{oc} = \frac{kT}{e} \ln\left(1 + \frac{I_p}{I_0}\right) \tag{6.25}$$

特性曲線は，図 6.24 に示すように，第 4 象限を通過する．したがって，太陽電池から電力を取り出すことができる．外部に取り出せる電力の大きさ P は，次式で与えられる．

$$P = IV = I_0 V \left(\exp\left(\frac{eV}{kT}\right) - 1 \right) - I_p V \tag{6.26}$$

太陽電池から取り出せる電力が最大となる条件は，$\partial P / \partial V = 0$ で与えられる．このときの最大電力を P_m とする．太陽電池のエネルギー変換効率 (conversion efficiency) η は，入射光のエネルギーを P_{in} として，次式で定義される．

$$\eta = \frac{P_m}{P_{in}} = \frac{FF \cdot I_{sc} V_{oc}}{P_{in}} \tag{6.27}$$

結晶シリコンの太陽電池の場合，η は，15% 程度である．太陽電池を構成する材料やデバイス構造，表面の形状などを工夫し，変換効率を上昇させる努力がなされている．

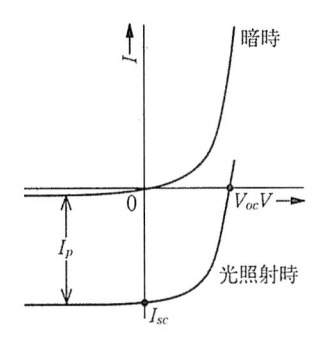

図 6.24 暗時および光照射時の pn 接合の電流–電圧特性

6.4.2 光検出器

(1) ホトダイオード

逆方向バイアスを印加した pn 接合に，禁制帯幅 E_g よりも大きなエネルギーをもつ光を照射すると，電子・正孔対が生成され，自由電子は n 形領域へ，正孔は p 形領域へと移動する．したがって，外部回路には，暗時の逆方向飽和電流に加え，光電流が流れる．このようにして，光信号を電気信号に変える光電変換素子をホトダイオード (photo-diode) と呼ぶ．pn 接合に真性半導体層（i 層）を挿入した，pin 形ホトダイオードのエネルギー帯図を図 6.25 に示す．i 層の幅を最適化することにより，量子効率 (入射光子当たりに生成される電子・正孔対の数) と動作速度を向上できる．

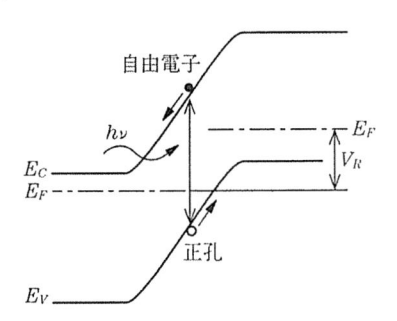

図 6.25 pin ホトダイオードのエネルギー帯図（逆方向バイアス V_R 印加時）

(2) ホトトランジスタ

npn または pnp の接合構造で，通常のトランジスタのベース電極に相当する外部電極を持たない 2 端子デバイスを，ホトトランジスタ (photo-transistor) と呼ぶ．この構造を用いると，ホトダイオードに比べ，光検出感度が格段に高くなる．

npn 形ホトトランジスタを例に取り，その動作を説明する．図 6.26 に示すように，エミッタ–コレクタ間に，コレクタ接合が逆方向電圧となるように電圧を印加する．コレクタ接合が逆方向電圧なので，暗時には電流がほとんど流れない．このデバイスに禁制帯幅 E_g 以上のエネルギーの光を照射する．光照射によって，p 形のベース領域で生成された電子と正孔のうち，電子はコレクタ側へ拡散していくが，正孔はエミッタおよびコレクタ接合の障壁があるためにベース領域に蓄積される．その結果，図 6.26 に破線で示すように，ベース領域の伝導帯の底，価電子帯の頂が下がる．したがって，エミッタ–ベース間の電位障壁がさらに減少し，エミッタからコレクタへの電子の移動が容易になる．すなわち，ベース領域で電子・正孔対が生成されると，生成された電子による電流の他に，エミッタからコレクタへの電子の移動による電流が加わり，大きな電流が流れることとなる．その結果，光信号に対する感度が格段に高くなる．

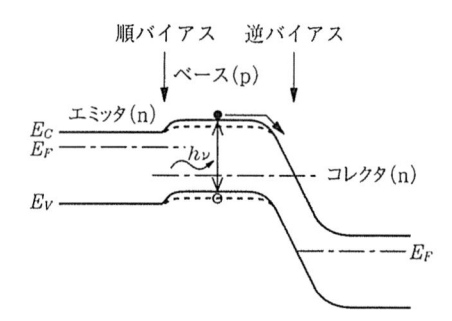

図 **6.26** npn ホトトランジスタのエネルギー帯図

6.4.3 発光ダイオード

順方向電圧を pn 接合に印加すると，p 形領域から n 形領域へ正孔が，n 形領域から p 形領域へ自由電子が，それぞれ注入される (少数キャリア注入)．これら

の注入された少数キャリアは，熱平衡状態に比べて過剰であるので，多数キャリアと再結合して熱平衡状態に戻る．この再結合の際，キャリアがもつエネルギー (E_g) を光として放出する場合がある．その光の波長 λ は，次式で与えられる．

$$\lambda = \frac{ch}{E_g} \tag{6.28}$$

一方，キャリアがもつエネルギーを熱 (格子振動) として放出する場合もあり，いずれが支配的になるかは，半導体のバンド構造の形状に強く依存する．Si, Ge などの間接遷移型半導体では熱を放出するが，GaAs などの直接遷移型半導体では，光の放出が支配的である．キャリア再結合の際の発光を利用するダイオードを発光ダイオード (light emitting diode: LED) という．

6.4.4 半導体レーザ

図 6.27 に示すようなバンド構造の物質に外部から光を照射した場合，光のエネルギー $h\nu$ が $E_2 - E_1$ より大きければ光吸収が起こり，電子が E_1 の準位から E_2 の準位へ励起される．その後，励起された電子は自発的に元の準位に戻るが，その際，エネルギーを外部に放出する．エネルギーを光として放出する場合，この過程を自然放出 (spontaneous emission) と呼ぶ．一方，適当な条件のもとでは，電子が外部からの光によって刺激され，E_2 から E_1 への遷移が促進されて発光する場合がある．この過程を誘導放出 (stimulated emission) と呼ぶ．

E_1 および E_2 の準位にある電子の密度を，それぞれ N_1 および N_2 とする．電子のエネルギー分布がボルツマン統計で近似できると仮定すると，N_2 と N_1 の比は次式で表される．

$$\frac{N_2}{N_1} = \exp\left(-\frac{E_2 - E_1}{kT}\right) \tag{6.29}$$

物質に $E_2 - E_1$ より大きなエネルギーの光を照射した場合，$E_2 > E_1$ であれば，通常，$N_2 < N_1$ であるので，光を吸収し E_1 から E_2 に励起される電子の数が，誘導放出により E_2 から E_1 に遷移する電子よりはるかに多い．したがって，光吸収だけが観測される．しかし，多量の電子を E_2 の準位に励起し，電子密度 N_2 を N_1 より高くすれば，誘導放出が圧倒的となり，$E_2 - E_1$ のエネルギーの光が増幅さ

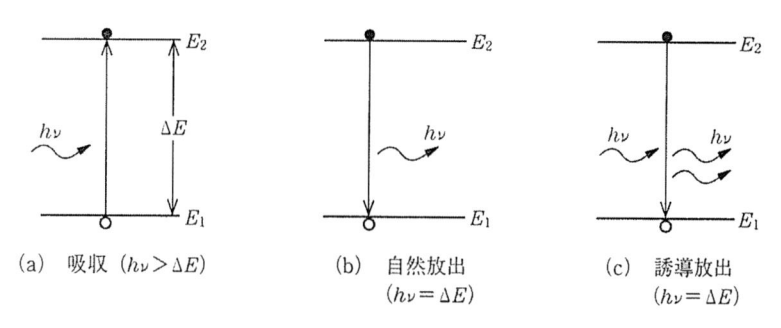

図 6.27　自然放出と誘導放出の模式図

(a) 吸収 ($h\nu > \Delta E$)　(b) 自然放出 ($h\nu = \Delta E$)　(c) 誘導放出 ($h\nu = \Delta E$)

れる．これがレーザ (light amplification by stimulated emission of radiation: Laser) の原理である．[†] $N_2 > N_1$ の状態を反転分布と呼ぶ．これは，式 (6.29) において，$T < 0$ の場合に相当するので．負温度 (negative temperature) の条件とも呼ぶ．例えば，大きな順方向電圧を pn 接合に印加し，多量の少数キャリアを注入すると，反転分布が実現する．

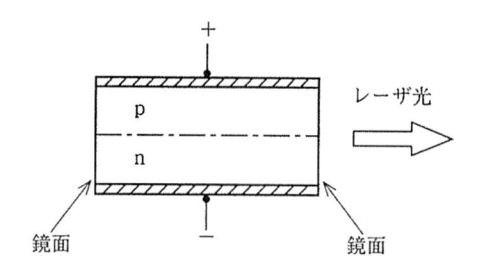

図 6.28　半導体レーザの構造

直接遷移型半導体を用いて pn 接合を形成する．図 6.28 に示すように，接合面と直交する 2 つの向かい合った端面を平行にして鏡面仕上げをし，これに順方向電流を流す．電流密度が低い間は，発光ダイオードと同じ振舞いで発光し，図 6.29 に示すような，幅広い発光スペクトルをもつ (発光ダイオード モード)．

順方向電流の密度が，ある値以上になると，多量の電子と正孔が注入され，図 6.30 に示すように空乏層内での電子と正孔の密度が高くなり，この部分で負温度状態が生じる．その結果，急激に発光強度が大きく，かつスペクトルが鋭くなり，

[†] 誘導放出による光増幅を意味する．

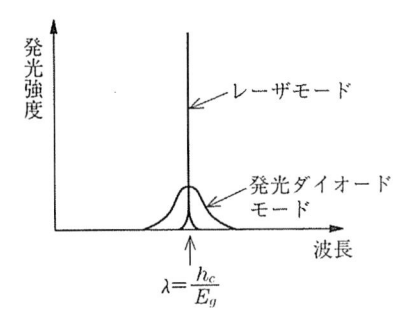

図 6.29 レーザ発振による発光スペクトルの例

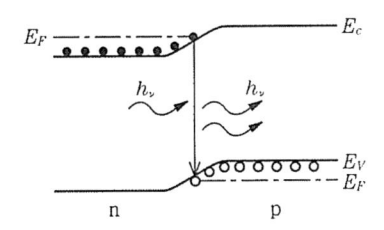

$\lambda = \dfrac{hc}{E_g}$

図 6.30 半導体レーザのエネルギー帯図

レーザ発振する (レーザモード). レーザ発振するときの電流密度の最小値をしきい値電流密度 (threshold current density) という. デバイスの端面が鏡面仕上げになっているので, デバイス構造が光の共振器として働き, 同じ波長・位相をもつ光だけが強調されて鋭いスペクトルをもった発光となる. レーザ光は, 可干渉性などの性質をもち, コヒーレント光としての特徴を有している. レーザ光は光のエネルギー密度が高く, 集束性が良いため, 計測, 測量, 医療など, 様々な分野で利用されている.

演習問題

6.1 次の語句について説明せよ.
 (エネルギー帯, 伝導帯, 価電子帯, n形半導体, p形半導体, 自由電子, 正孔, フェルミ準位)

6.2 半導体におけるキャリア輸送（電流の流れ）は，ドリフトと拡散による．ドリフト，拡散について簡単に説明せよ．

6.3 半導体の抵抗率 ρ は，不純物濃度 N を増減させると，どのように変化するか．

6.4 ダイオードを用いて交流から直流を取り出す回路（整流回路）を図示し，回路の動作を説明せよ．

6.5 npn バイポーラトランジスタのデバイス構造を図示し，動作原理を説明せよ．

6.6 n チャネル MOSFET のデバイス構造を図示し，動作原理を説明せよ．

6.7 発光ダイオードの発光波長は何で決まるか．また，発光波長を変えるにはどうしたらよいか．

6.8 太陽電池のデバイス構造を図示し，動作原理を説明せよ．

6.9 レーザ発振の条件について，簡単に説明せよ．

7 電子回路

7.1 増幅回路

7.1.1 トランジスタ増幅器の基本回路

npn トランジスタを用いたエミッタ接地回路を図 7.1 に示す.エミッタを共通端子 (アース) とし,ベース–エミッタ間に入力信号を加え,コレクタ–エミッタ間より出力信号を得る.

コレクタ–エミッタ間電圧 V_{CE} とコレクタ電流 I_C の関係(特性曲線)を,ベース電流 I_B をパラメータとし,図 7.2 に示す.このうち,領域 I を能動領域 (active region),II を飽和領域 (saturated region),III を遮断領域 (cut-off region) と呼び,トランジスタを増幅器として用いる場合は,能動領域で使用する.また,トランジスタをスイッチング素子として用いる場合は,飽和領域 (on) および遮断領域 (off) で使用する.

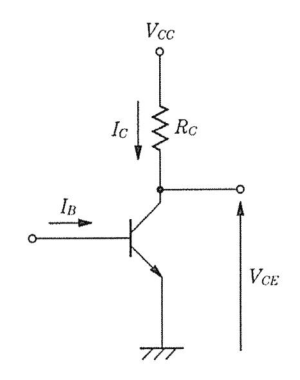

図 **7.1** npn トランジスタのエミッタ接地回路

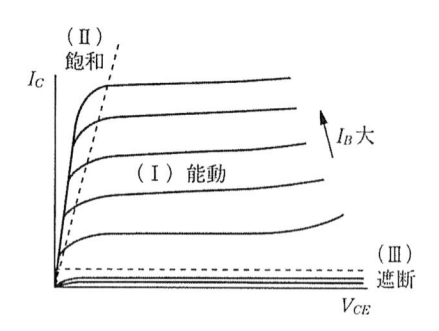

図 7.2 エミッタ接地回路のコレクタ電流-コレクタ電圧特性

図 7.3 エミッタ接地増幅器

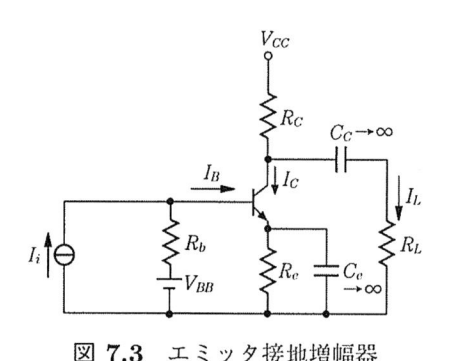

　図 7.1 のエミッタ接地回路にバイアス回路などを付加した交流増幅回路を，図 7.3 に示す．交流入力電流 I_i に対し，電源 V_{BB} と抵抗 R_b によりベース回路にバイアス電流を与える．C_e, C_c は，直流成分をカットし，交流成分を短絡させるためのコンデンサであり，バイパスコンデンサと呼ばれる．

　この回路の，直流成分だけを考慮した回路（直流等価回路）を図 7.4 に示す．この回路において，$I_C \simeq I_E$ と仮定すれば，次の関係が成り立つ．

$$V_{CC} = V_{CE} + (R_c + R_e)I_C \tag{7.1}$$

この式は，回路の直流負荷直線を与える．直流負荷直線をトランジスタの特性曲線とともに描くと，図 7.5 のようになる．直流負荷直線とトランジスタ特性曲線との交点が，トランジスタの動作点 Q を与える．したがって，ベースに直流バイアス電流 I_{BQ} を流し，これに交流信号 I_i (振幅 ΔI_B) を重畳すれば，コレクターエミッタ間電圧 V_{CE}，およびコレクタ電流 I_C は，動作点 (V_{CEQ}, I_{CQ}) を中心

7.1 増幅回路

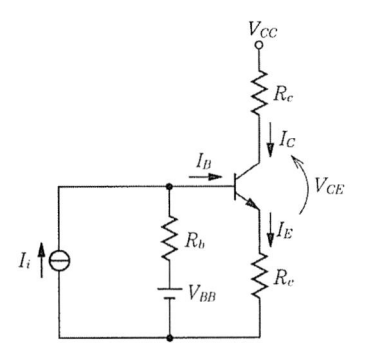

図 7.4 エミッタ接地増幅器の直流等価回路

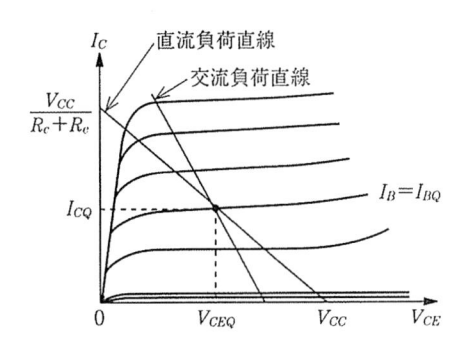

図 7.5 直流および交流負荷曲線

として ΔV_{CE}, および ΔI_C だけ変化する．通常，$\Delta I_C/\Delta I_B = \beta \sim 100$ なので，この回路では，電流増幅作用があることがわかる．

図 7.3 において，交流成分だけを考慮した回路（交流等価回路）は，図 7.6 のようになる．コレクタ・エミッタ間電圧 V_{CE} およびコレクタ電流 I_C が，図 7.5 において，点 (V_{CEQ}, I_{CQ}) を通り，R_C と R_L の並列回路を電流路とすることを考慮すれば次式が得られる．

$$I_C - I_{CQ} = -\frac{R_c + R_L}{R_c R_L}(V_{CE} - V_{CEQ}) \tag{7.2}$$

この式は交流負荷直線を与え，図 7.5 に示すようになる．交流信号は，この交流負荷直線のうち，トランジスタの能動領域の部分に制限される．したがって，交流信号の振幅を最大とするためには，動作点 Q が交流負荷直線のほぼ中央にくる

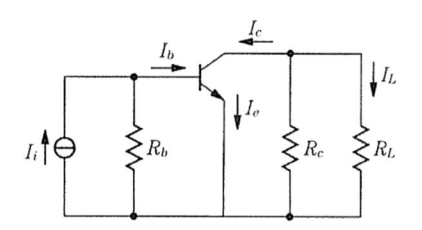

図 7.6　エミッタ接地増幅器の交流等価回路

ように，バイアス電流を設定する必要がある．このバイアス条件は，式 7.2 において，$V_{CE} = 0$ で $I_C = 2I_{CQ}$ とすれば得られ，次式のようになる．

$$I_{CQ} = \frac{R_c + R_L}{R_c R_L} V_{CEQ} \tag{7.3}$$

7.1.2　h パラメータによるトランジスタ増幅器の解析

トランジスタ増幅器の動作点が決定された後，入力に交流小信号が加えられた場合の入出力特性を，h パラメータ（ハイブリッドパラメータ）を用いて解析する．

バイポーラトランジスタは，普通の使用状態では入力インピーダンスが比較的低く，出力インピーダンスは比較的高いため，これを 2 端子対網として取り扱う場合には，h パラメータを用いることが多い．図 7.7 に一般化した能動 2 端子対網を示す．ここで，入力電圧 V_1，出力電圧 V_2，入力電流 I_1，出力電流 I_2 の間に，つぎの関係が満足されるものとする．

$$V_1 = h_{11} I_1 + h_{12} V_2 \tag{7.4}$$

$$I_2 = h_{21} I_1 + h_{22} V_2 \tag{7.5}$$

ここで，h_{11}，h_{12}，h_{21}，および h_{22} は h パラメータと呼ばれ，次のように定義される．

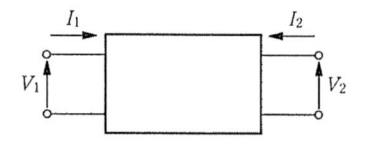

図 7.7　能動 2 端子対網

(1) h_{11}：出力端短絡時の入力インピーダンスで，次式で定義される．

$$h_{11} = h_i = \left.\frac{V_1}{I_1}\right|_{V_2=0} \tag{7.6}$$

h_i とも表される．

(2) h_{12}：入力端開放時の逆方向電圧利得で，次式で定義される．

$$h_{12} = h_r = \left.\frac{V_1}{V_2}\right|_{I_1=0} \tag{7.7}$$

この値は，出力端から入力端への信号の戻りを表し，エミッタ接地増幅器，ベース接地増幅器においては十分に小さいので，通常は無視される．h_r とも表される．

(3) h_{21}：出力端短絡時の電流利得で，次式で定義する．

$$h_{21} = h_f = \left.\frac{I_2}{I_1}\right|_{V_2=0} \tag{7.8}$$

この値は，エミッタ接地回路においては，エミッタ接地電流増幅率 β，ベース接地回路においては，ベース接地電流増幅率 α に相当する．トランジスタ増幅器の特性を議論する際，最も重要なパラメータである．h_f とも表される．

(4) h_{22}：入力端開放時の出力コンダクタンスであり，次式で定義される．

$$h_{22} = h_o = \left.\frac{I_2}{V_2}\right|_{I_1=0} \tag{7.9}$$

この値は，負荷抵抗に比べて出力インピーダンスが十分大きい場合には無視されることが多い．h_o とも表される．

図 7.7 の 2 端子対網を h パラメータを用いて表せば，図 7.8 のようになる．なお，接地方式によって h パラメータに添え字を付し，エミッタ接地方式においては，h_{ie}，h_{re}，h_{fe}，および h_{oe} と表す．

エミッタ接地増幅回路の交流等価回路（図 7.6）を h パラメータを用いて表すと，図 7.9(a) のようになる．上項（2）および（4）で述べた近似を用いると，図 7.9(b) のように簡略化できる．

図 7.6 で交流成分 I_b，I_c，および I_e の間にも，式 (6.21) と同様に，

$$I_b + I_c = I_e \tag{7.10}$$

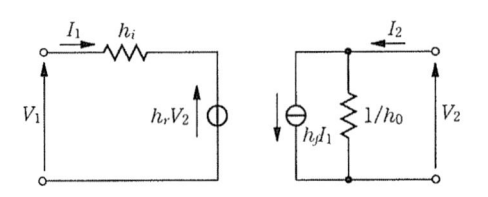

図 **7.8** 2端子対網の h パラメータ等価回路

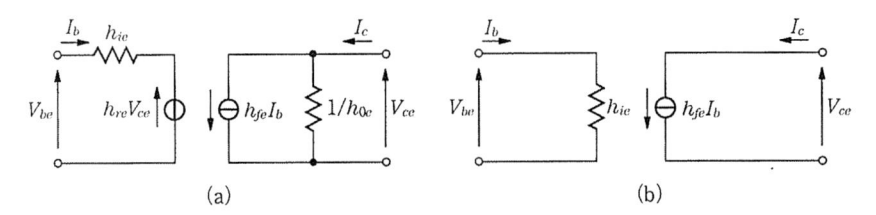

図 **7.9** エミッタ接地増幅器の h パラメータ等価回路の簡略化

が成り立ち，したがって，

$$I_b = \frac{I_e}{h_{fe}+1} = \frac{I_c}{h_{fe}} \tag{7.11}$$

を得る．入力インピーダンス h_{ie} は次式により与えられる．

$$h_{ie} = \frac{V_{be}}{I_b}\Big|_{V_{ce}=0} \tag{7.12}$$

式 (7.11) を代入し，次式を得る．

$$h_{ie} = (h_{fe}+1)\frac{V_{be}}{I_e}\Big|_{V_{ce}=0} \tag{7.13}$$

ここで，$V_{be}/I_e|_{V_{ce}=0}$ は，近似的にベース接地回路の h_{ib} と一致し，次式が得られる．

$$h_{ie} = (h_{fe}+1)h_{ib} \tag{7.14}$$

7.1.3 差動増幅器

(1) 内部帰還増幅器

エミッタ接地増幅器 (図 7.3) において，バイパスコンデンサ C_e を除去すれば，図 7.10 が得られる．これをエミッタ接地内部帰還増幅器と呼ぶ．

7.1 増幅回路

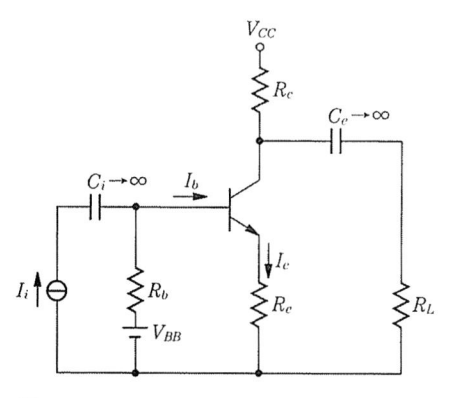

図 7.10 エミッタ接地内部帰還増幅器

いま，$V_i = R_b I_i$ とすれば，トランジスタのベース-エミッタ間にかかる電圧 V_{be} は，次式で表される．

$$V_{be} = V_i - R_e I_e \tag{7.15}$$

エミッタ電流 I_e が増加すると V_{be} は減少する．すなわち，負帰還が得られることがわかる．この負帰還現象を内部負帰還 (internal negative feedback) という．

この回路の等価回路を求める手順を図 7.11 に示す．交流信号成分をエミッタ接地 h パラメータにより表現すると，図 7.11(a) となる．図 7.11(b) は，電流源 $h_{fe} I_b$ を入力側と出力側に分離して表したものである．さらに，エミッタ抵抗を流れる電流が $I_b + h_{fe} I_b$ となることを考慮し，入力側の電流源を除去すれば，図 7.11(c) となる．回路の電流増幅率 A_i は，次式で与えられる．

$$\begin{aligned} A_i &= \frac{I_L}{I_i} = \frac{I_L}{I_b} \cdot \frac{I_b}{I_i} \\ &= -h_{fe} \frac{R_c}{R_c + R_L} \cdot \frac{R_b}{R_b + h_{ie} + R_e(h_{fe} + 1)} \end{aligned} \tag{7.16}$$

上記の等価回路の導出 (図 7.11) では，エミッタ抵抗 R_e をベース側に換算した．しかし，R_e をエミッタ側に残したまま，ベース回路のパラメータ I_i，R_b および h_{ie} をエミッタ側に換算して取り扱う方が便利な場合がある．この場合には，R_e，h_{ie}，および R_b における電圧降下を図 7.11 のそれと等しくするため，I_b を $I_e (= I_b(h_{fe}+1))$，したがって，I_i を $I_i(h_{fe}+1)$，h_{ie} を $h_{ie}/(h_{fe}+1) = h_{ib}$，

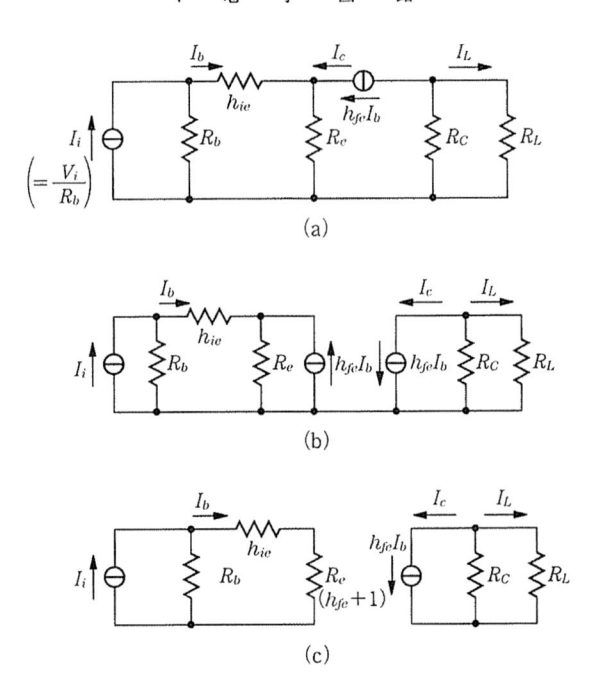

図 7.11 エミッタ接地内部帰還増幅器の交流小信号等価回路

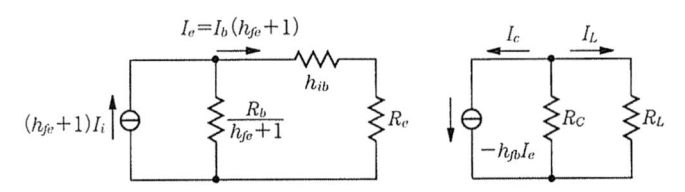

図 7.12 入力回路をエミッタ側に換算した交流小信号等価回路

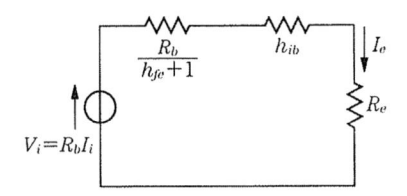

図 7.13 入力を電圧源表示した交流小信号等価回路(入力側)

および R_b を $R_b/(h_{fe}+1)$ とすれば良い．これにより，図 7.12 の等価回路が得られる．さらに，入力側を電圧源で表示すれば図 7.13 となり，入力電圧は換算の必要がない．

(2) 差動増幅器

差動増幅器の基本回路を図 7.14 に示す．トランジスタ T_1 および T_2 は全く同一の特性をもつと仮定する．T_1, T_2 のベース端子に入力電圧 V_{i1}, V_{i2} を加え，コレクタ端子から出力電圧 V_{o1}, V_{o2} を得る．

ここで，差動入力電圧 V_d，および同相入力電圧 V_a を次式のように定義する．

$$V_d = V_{i2} - V_{i1} \tag{7.17}$$

$$V_a = \frac{V_{i1} + V_{i2}}{2} \tag{7.18}$$

これより，次式が得られる．

$$V_{i1} = V_a - \frac{V_d}{2} \tag{7.19}$$

$$V_{i2} = V_a + \frac{V_d}{2} \tag{7.20}$$

入力電圧に対応した電流を，エミッタ電流に関する差動成分 I_{ed}，同相成分 I_{ea}

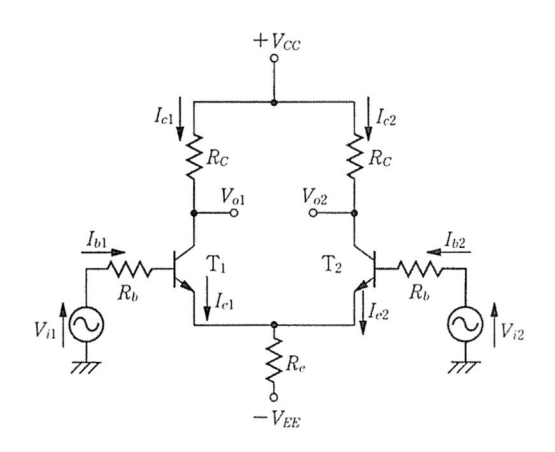

図 **7.14** 差動増幅器の基本回路

を用いて表せば，次式が得られる．

$$I_{e1} = I_{ea} - \frac{I_{ed}}{2} \tag{7.21}$$

$$I_{e2} = I_{ea} + \frac{I_{ed}}{2} \tag{7.22}$$

図 7.13 を用いると，差動増幅回路の交流小信号等価回路 図 7.15 が得られる．ここで，図 (a) は入力回路 (ベース回路)，図 (b) は出力回路 (コレクタ回路) である．

図 7.15 のうち，同相入力成分 V_a に関する等価回路は図 7.16(a) のようになり，差動入力成分 V_d に関する等価回路は，図 7.16(b) のようになる．

同相エミッタ電流は，図 7.16(a) より，以下のように与えられる．

$$I_{ea} = \frac{V_a}{2R_e + h_{ib} + \frac{R_b}{h_{fe}+1}} \tag{7.23}$$

一方，差動エミッタ電流は，図 7.16(b) より，以下のように与えられる．

$$I_{ed} = \frac{V_d/2}{h_{ib} + \frac{R_b}{h_{fe}+1}} \tag{7.24}$$

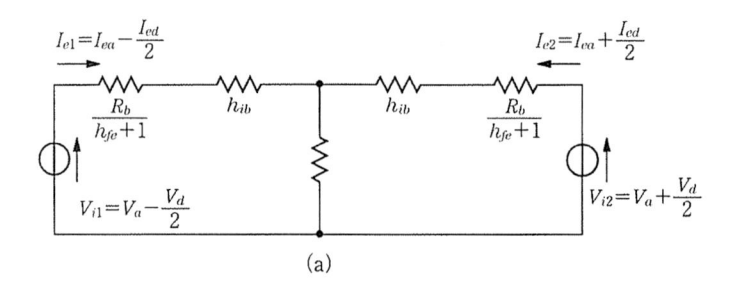

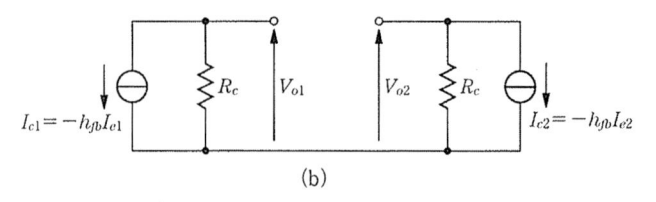

図 **7.15** 差動増幅器の交流小信号等価回路（入力回路 (a) と出力回路 (b)）

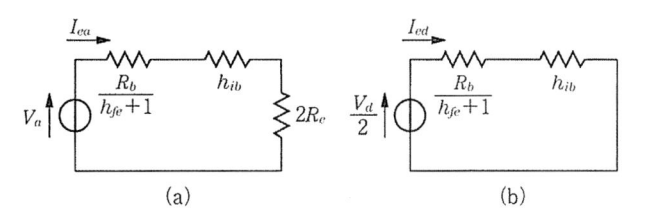

図 7.16 同相入力等価回路 (a) と差動入力等価回路 (b)

出力電圧 V_{o1} は，図 7.15 および式 (7.21) より，次式のように与えられる．

$$\begin{aligned}
V_{o1} &= R_c h_{fb} I_{e1} \\
&= R_c h_{fb}(I_{ea} - \frac{I_{ed}}{2}) \\
&\simeq -R_c(I_{ea} - \frac{I_{ed}}{2})
\end{aligned} \tag{7.25}$$

これに式 (7.23), (7.24) を代入し，次式を得る．

$$V_{o1} \simeq A_d V_d - A_a V_a \tag{7.26}$$

ここで，

$$A_d = \frac{R_c/2}{h_{ib} + \frac{R_b}{h_{fe}+1}} \tag{7.27}$$

$$A_a = \frac{R_c}{2R_e + h_{ib} + \frac{R_b}{h_{fe}+1}} \tag{7.28}$$

である．A_d を差動利得，A_a を同相利得という．同様にして，出力 V_{o2} は，

$$\begin{aligned}
V_{o2} &= R_c h_{fb} I_{e2} \\
&\simeq -A_d V_d - A_a V_a
\end{aligned} \tag{7.29}$$

となる．

差動増幅器では，同相利得に比べ差動利得をなるべく大きくする必要がある．そのため，A_d/A_a を同相成分除去比 (common-mode rejection ratio: CMRR) と定義し，差動増幅器の性能の指標としている．CMRR が十分に大きい場合には，出力電圧は近似的に，

$$V_{o1} \simeq A_d V_d \tag{7.30}$$

$$V_{o2} \simeq -A_d V_d \tag{7.31}$$

で表される.

7.1.4 演算増幅器

演算増幅器 (operational amplifier) は高利得増幅器の一種であり,これに,抵抗,コンデンサなどを外部接続し,電気信号の加算,減算,微分,積分など,種々の演算を行わせることができる.

演算増幅器の回路構成の一例を図 7.17 に示す.入力段は,差動増幅器で構成され,反転入力 (inverting input) と非反転入力 (non-inverting input) という 2 つの入力端子をもっている.差動増幅器の出力は,高利得増幅器で増幅されたのち,レベルシフト回路によって,入力が零の時に出力が零になるようにレベル調整される.さらに,出力段増幅器で増幅され,出力される.

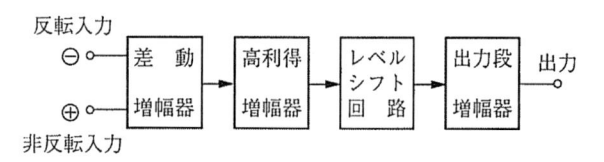

図 **7.17** 演算増幅器の回路構成

演算増幅器の電圧利得を A,入力抵抗を R_i,出力抵抗を R_o とすると,演算増幅器の等価回路は,図 7.18 のように表される.なお,$A \to \infty$,$R_i \to \infty$,$R_o \to 0$ と仮定したとき,これを**理想的な演算増幅器**という.

演算増幅器を用いて帰還増幅器を構成する一例を,図 7.19 に示す.演算増幅器の反転入力端子に R_s を通して信号源 V_s を接続し,出力端子から抵抗 R_f を通して帰還をかけている.

図 7.19 で節点 P の電位に着目すると,以下の式が成り立つ.

$$\frac{V_s - V_1}{R_s} = \frac{V_1}{R_i} + \frac{V_1 - V_o}{R_f} \tag{7.32}$$

$$\frac{-AV_1 - V_o}{R_o} + \frac{V_1 - V_o}{R_f} = \frac{V_o}{R_L} \tag{7.33}$$

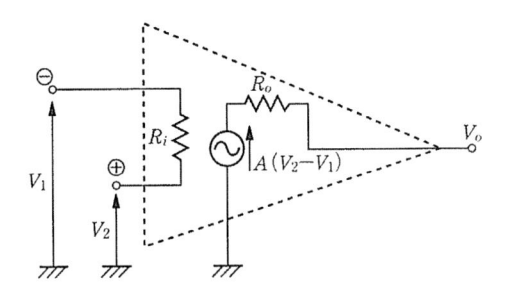

図 **7.18** 演算増幅器の等価回路

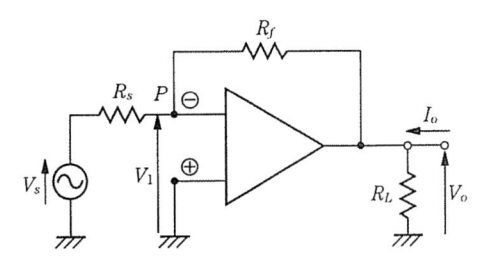

図 **7.19** 帰還増幅器の構成例

式 (7.33) から,

$$V_1 = \frac{\frac{1}{R_L} + \frac{1}{R_f} + \frac{1}{R_o}}{-\frac{A}{R_o} + \frac{1}{R_f}} V_o \tag{7.34}$$

これらより V_1 を消去し, $A \to \infty$ とすれば, 次式を得る.

$$\frac{V_o}{V_i} \simeq -\frac{R_f}{R_s} \tag{7.35}$$

電圧利得は R_f と R_s の比で決まり, 出力信号の位相が反転する.

いま, 式 (7.34) において, $A \to \infty$ とすれば, $V_1 \to 0$ となる. これは, 演算増幅器の入力端子が接地されている状況に相当する. これを仮想接地と呼び, 演算増幅器の重要な性質の一つである.

7.1.5 増幅器の周波数特性

電子回路で処理する電気信号は, 単一周波数であることはまれであり, 一般に, 様々な周波数成分で構成されている. 理想的な増幅器では, どの周波数成分につ

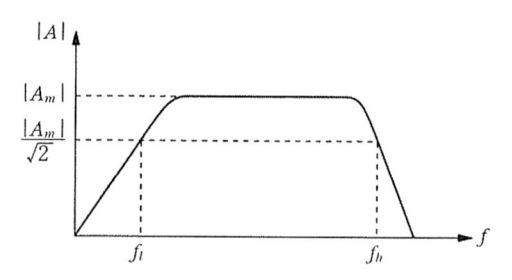

図 **7.20** 増幅器の周波数応答特性

いても一定の利得をもつ．しかし，実際は，図 7.20 に示すような周波数応答特性 (frequency-response characteristics) を示す．

この周波数応答特性は，通常，3 つの領域に分けて議論される．利得が一定な中間の領域を中間周波数領域と呼ぶ．これより周波数の低い領域 (低域周波数領域)，高い領域 (高域周波数領域) では利得が減少する．中間周波数領域における利得を $|A_m|$ とした場合，低域および高域で利得が $|A_m|/\sqrt{2}$ に減少する周波数を，それぞれ低域遮断周波数 (lower cut-off frequency) f_l，および高域遮断周波数 (higher cut-off frequency) f_h と呼ぶ．また，$f_h - f_l$ を帯域幅 BW (band width) と呼ぶ．一般に，f_h は数十 kHz 以上の値を持つのに対し，f_l は数十 Hz 程度の場合が多く，帯域幅 BW は，

$$BW = f_h - f_l \simeq f_h \tag{7.36}$$

と近似される．

通常，利得は dB (デシベル，decibel) で表示する．信号の大きさが $1/\sqrt{2}$ に減少することは -3dB に相当するので，遮断周波数は，利得が中間周波数領域における値から 3dB 減少する周波数に相当する．

多段接続した増幅器のブロック図を，図 7.21 に示す．多段接続された各増幅器

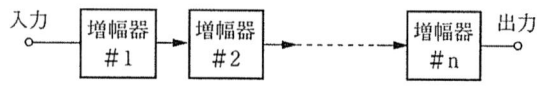

図 **7.21** 増幅器の多段接続回路

は同一の特性をもつと仮定する．各増幅器の中間周波数利得を A_{m1}，高域遮断周波数を f_{h1} とすれば，1段当たりの伝達関数 A_1 は，次式で与えられる．

$$A_1 = \frac{A_m}{1 + j\frac{f}{f_{h1}}} \tag{7.37}$$

増幅器1段当たりの利得の大きさは，

$$|A_1| = \frac{|A_m|}{\sqrt{1 + (\frac{f}{f_{h1}})^2}} \tag{7.38}$$

で与えられる．n 段接続した多段増幅器の利得が，$f = f_h$ で 3dB 低下し，$1/\sqrt{2}$ になるとすると，

$$|A_1|^n = \left(\frac{|A_m|}{\sqrt{1 + (\frac{f_h}{f_{h1}})^2}}\right)^n = \frac{1}{\sqrt{2}}|A_{m1}|^n \tag{7.39}$$

が成り立つ．これより，次式が得られる．

$$\frac{f_h}{f_{h1}} = \sqrt{2^{1/n} - 1} \tag{7.40}$$

図 7.22 に，f_h/f_{h1} の n 依存性を示す．段数が増加したとき，利得は積の形で増加するのに対し，高域遮断周波数の減少は比較的小さい．したがって，多段接続は利得帯域幅積 (gain-bandwidth-product) を増加させるためによく利用され

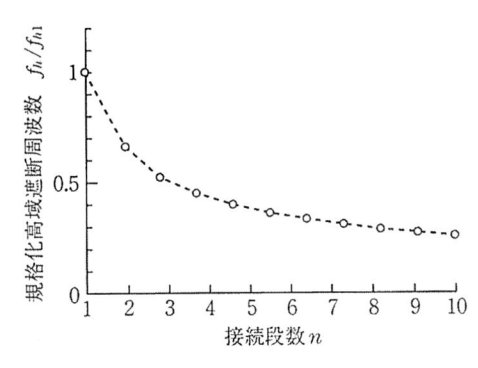

図 **7.22** 多段接続増幅回路における高域遮断周波数の接続段数依存性

る．ただし，信号の位相の遅れが，段数に比例して増加することに留意する必要がある．

7.2 ディジタル回路

7.2.1 基本論理演算

論理代数は，ブール (G. Boole) が，論理学を数学的に解析するため，2値論理を取り入れたもので，ブール代数とも呼ばれる．論理を数学的に取り扱うため，真 (true) と偽 (false) の2つの論理状態を，1, 0の数字に対応させている．

論理代数では，論理和 (OR)，論理積 (AND)，および否定 (NOT) の3つの基本論理演算がある．これらは，論理変数を A, B として，それぞれ，$A+B$, AB, $\bar{A}$ と表される．表 7.1 に示す真理値表 (truth table) に，これらの論理演算の結果を示す．また，AND 演算の後に NOT 演算を施す NAND 演算，OR 演算の後に NOT 演算を施す NOR 演算があり，それぞれ，$\overline{AB}$, $\overline{A+B}$ と記される．これらの真理値表を表 7.2 に示す．

表 **7.1** 基本論理演算の真理値表

入	力	出	力	入力	出力
A	B	$A+B$	AB	A	$\bar{A}$
0	0	0	0	0	1
0	1	1	0	1	0
1	0	1	0		
1	1	1	1		

表 **7.2** NAND 演算，NOR 演算の真理値表

入	力	出	力
A	B	$\overline{AB}$	$\overline{A+B}$
0	0	1	1
0	1	1	0
1	0	1	0
1	1	0	0

ここで，以下の論理代数の基本法則，

$$AA = A \text{（べき等則）} \tag{7.41}$$

$$\overline{\overline{A}} = A \text{（否定則）} \tag{7.42}$$

$$\overline{AB} = \overline{A} + \overline{B} \text{（ド・モルガンの定理）} \tag{7.43}$$

を用いると，次式が得られる．

$$i)\ \overline{(\overline{AA})(\overline{BB})} = \overline{\overline{A}\,\overline{B}} = \overline{\overline{A}} + \overline{\overline{B}} = A + B \tag{7.44}$$

$$ii)\ \overline{(\overline{AB})(\overline{AB})} = \overline{\overline{AB}} = AB \tag{7.45}$$

$$iii)\ \overline{AA} = \overline{A} \tag{7.46}$$

すなわち，OR，AND，NOT の 3 つの基本論理演算が，NAND 演算だけで実現できることがわかる．この性質を，"NAND 演算は単独で素演算系をなす"という．また，NOR 演算も同様に，単独で素演算系をなす．

7.2.2 基本論理回路と電子回路による実現

ある入力に対し，あらかじめ与えられた論理条件に従って論理判断をおこない，その結果を出力する回路を論理回路 (logic circuit) と呼ぶ．論理回路をディジタル回路で実現する場合，電圧の高，低を論理変数の 1, 0 に対応させる．

基本論理回路である AND, OR, NOT 回路の図記号を，図 7.23 に示す．NOT 回路はインバータ回路とも呼ばれる．また，NAND 回路，NOR 回路の図記号を図 7.24 に示す．

論理回路を電子回路として実現するには，相補形 (complementary)MOS 回路 (CMOS 回路) が広く用いられている．図 7.25 に CMOS インバータ回路を示す．n チャネル MOSFET の上に，p チャネル MOSFET が直列に接続されており，ゲートを共通の入力端子，ドレーンを共通の出力端子としている．

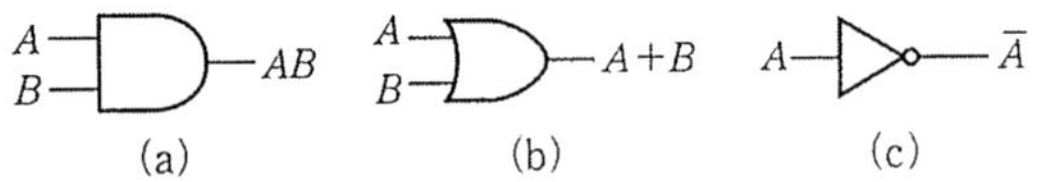

図 7.23 NAD 回路 (a), OR 回路 (b), NOT 回路 (c) の図記号

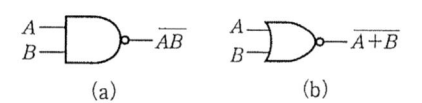

図 7.24　NAND 回路 (a)，NOR 回路 (b) の図記号

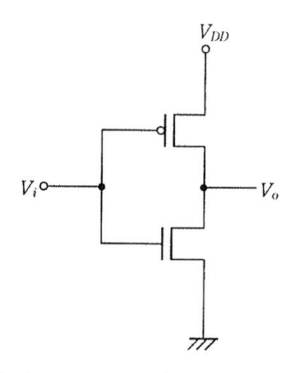

図 7.25　CMOS インバータ回路
（上段が p チャネル MOSFET，下段が n チャネル MOSFET）

論理入力 $0(V_i = 0)$ の場合，n チャネル MOSFET では，チャネルが形成されないため，ソース・ドレーン間には電流が流れず，オフ状態である．一方，p チャネル MOSFET では，ゲート電圧 (0V) がソース電圧 (V_{DD}) よりも低いため，正孔チャネルが形成され，ソース・ドレーン間が導通し，オン状態となる．したがって，p チャネル MOSFET のドレーン電位は V_{DD} と等しくなり，$V_o = V_{DD}$ となる．すなわち，論理出力は 1 となる．

また，論理入力 $1(V_i = V_{DD})$ の場合，n チャネル MOSFET では，自由電子チャネルが形成され，ソース・ドレーン間は導通し，オン状態となる．一方，p チャネル MOSFET では，チャネルが形成されず，オフ状態である．したがって，n チャネル MOSFET のドレーン電位は接地電位とほぼ等しくなり，$V_o = 0$ となる．したがって，論理出力は 0 となる．すなわち，表 7.1 に示す NOT 演算の入出力関係が得られる．

図 7.26 に，CMOS の NAND 回路を示す．2 つの n チャネル MOSFET が直列に，2 つの p チャネル MOSFET が並列に接続されている．2 つの論理入力が

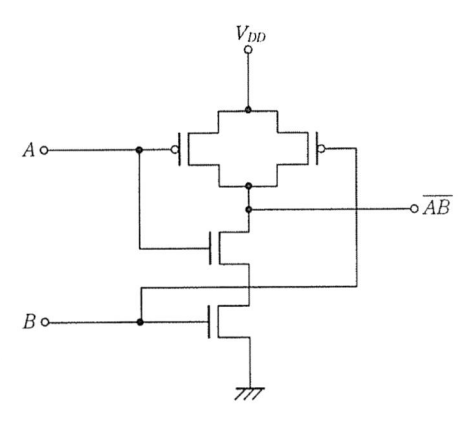

図 **7.26** CMOS NAND 回路

ともに 1 の場合，2 つの n チャネル MOSFET はともにオン状態となる．一方，p チャネル MOSFET はともにオフ状態である．したがって，出力は 0 となる．

また，2 つの論理入力のうち，1 つ以上が 0 の場合，n チャネル MOSFET のどちらかは必ずオフ状態となる．一方，p チャネル MOSFET のどちらかは必ずオン状態となる．すなわち，出力電圧は V_{DD} となり，論理出力 1 を与える．したがって，表 7.2 に示す NAND 演算の入出力関係が得られていることがわかる．

7.2.3 組合せ論理回路と順序回路

論理基本回路を複数個組合せ，ある演算を実現する回路を組合せ論理回路 (combinational circuit) と呼ぶ．組合せ論理回路は，図 7.27 に示すように，複数の入力 (A, B, C, ⋯) に応じ，1 つ以上の出力を与え，ある時刻における出力がその時刻に印加された入力のみによって決定される回路である．

例えば，図 7.28 に示す回路は，2 つの入力が一致したときに出力が 1 となる論理回路で，論理式は

$$f = AB + \bar{A}\bar{B} \tag{7.47}$$

で与えられる．この回路の真理値表は，表 7.3 で与えられる．

一方，ある時刻における出力がその時刻の入力のみでなく，それ以前に加えられた入力にも依存する回路を，順序回路 (sequential circuit) と呼ぶ．図 7.29 に

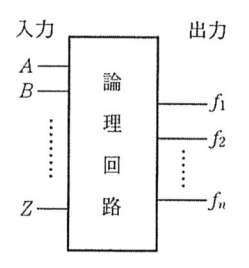

図 7.27　組合せ論理回路

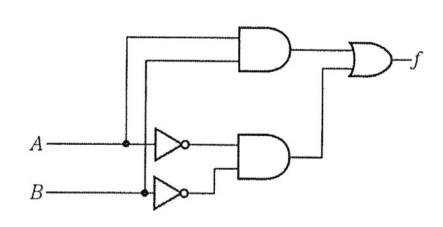

図 7.28　一致回路

表 7.3　一致回路の真理値表

入力		出力
A	B	f
0	0	1
0	1	0
1	0	0
1	1	1

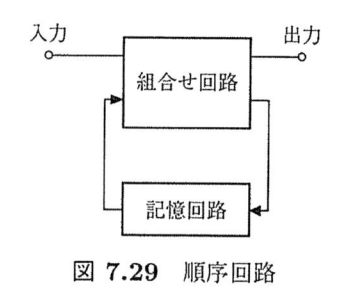

図 7.29　順序回路

示すように，順序回路は，組合せ論理回路と記憶回路から構成されている．組合せ論理回路の入力は，外部からの入力と記憶回路からの出力からなっており，組合せ回路の出力は，外部出力と記憶回路への入力となっている．

記憶回路は，組合せ回路の出力によって，セット入力となったり，リセット入力となったりする．代表的な記憶回路の基本回路として，フリップフロップがある．フリップフロップには幾つかの種類があるが，そのうち，R-Sフリップフロップについて説明する．NAND回路で構成したR-Sフリップフロップを図7.30に示す．セット入力 (S) とリセット入力 (R) の2つの入力端子と，Q, $\overline{Q}$ の2つの

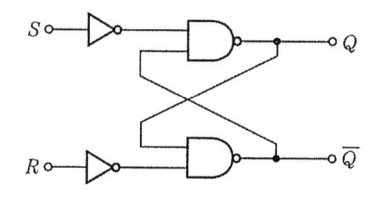

図 7.30　R-Sフリップフロップ回路

表 7.4 R-S フリップフロップ回路の入出力関係

入力		出力		機能
S	R	Q	$\overline{Q}$	
0	0	Qn	$\overline{Qn}$	保　持
1	0	1	0	セット
0	1	0	1	リセット
1	1	1	1	禁止入力

出力端子をもっている．$S=1$, $R=0$ が入力されると，$Q=1$ にセットされ，帰還ループがあるため，$\overline{Q}=0$ となる．その後，$S=0$ となっても回路の状態は保持される．$S=0$, $R=1$ のときには，逆に，$Q=0$, $\overline{Q}=1$ となる．次に，$R=S=1$ にすると，$Q=1$, $\overline{Q}=1$ となるが，その後，$R=S=0$ になったとき，回路の状態をどちらか一方に定めることができない．そこで，$R=S=1$ の入力は禁止入力と呼ばれ使われない．これらの様子を，表 7.4 に示す．

7.2.4 記憶回路

記憶回路には，一度記憶させてしまうと，記憶内容の読出しのみが可能で，使用中は書込みが出来ない ROM(read only memory) と，記憶内容が使用中でも書換え可能な RAM(random access memory) とがある．RAM には，フリップフロップを用いたスタティック RAM(SRAM)，回路内にコンデンサを有し，これに電荷を蓄えることによりデータを記憶させるダイナミック RAM(DRAM)，特殊な構造の MOSFET のゲート酸化膜中に電荷を蓄えてトランジスタ特性を変化させ，これによりデータを記憶させるフラッシュメモリ (flash memory) などがある．DRAM は，集積化が容易で，しかも消費電力が少ない利点があるが，書込み終了後，そのまま放置すると，自己放電により記憶が失われるため，再書込み（リフレッシュ）が必要である．

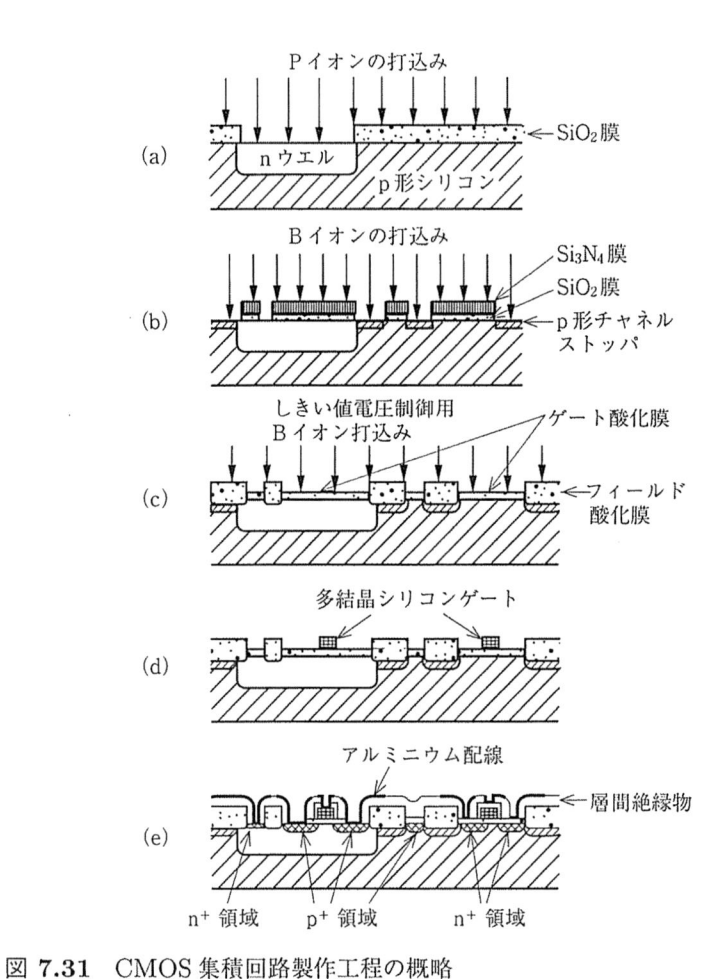

図 7.31 CMOS集積回路製作工程の概略
(出典:「C-MOS集積回路製作工程の概略」菅野卓雄著, コロナ社, 1995年)

7.3 半導体集積回路

電子機器の小型・軽量化や高信頼性が強く要求されるようになり，集積回路 (integrated circuit: IC) が発達した．これは，トランジスタ，ダイオード，抵抗，コンデンサなどの個別部品をプリント基板上で接続して電子回路を構成する代わりに，1 つの小さな半導体基板（チップ）（通常は数ミリ角のシリコン単結晶）の表面に MOSFET など多数の回路素子を形成し，一体に構成した小型回路である．

集積回路を取り扱う信号によって分類すると，アナログ集積回路，ディジタル集積回路に大別される．また，回路規模によって分類すると，1 チップ当たりの素子数が 1000 以上の大規模集積回路（large scale integrated circuit: LSI），10 万以上の超大規模集積回路（very large scale integrated circuit: VLSI），数 100 万以上の ULSI (ultra large scale integrated circuit) に大別される．

図 7.31 に，CMOS 集積回路製作工程の概略を示す．CMOS 回路は，p チャネル MOSFET と n チャネル MOSFET を同一のシリコン基板上に作製するので，シリコン基板に n 形と p 形の領域を作らねばならない．図 7.31(a) に示すように p 形シリコン基板表面に n 形領域を作る方式を n ウェル方式という．

まず，SiO_2 膜をマスクにしてリン (P) をイオン注入し，n ウェルを形成する (図 (a))．イオン注入とは，イオン化したドーパント不純物原子を高電界により加速し，基板中に導入する手法である．つぎに，ホウ素 (B) イオンを注入し，n チャネル MOSFET に対するチャネルストッパを形成する (図 (b))．そして，シリコン基板上の SiO_2 膜を除去し，全面に薄い SiO_2 膜（ゲート酸化膜）を形成する (図 (c))．低抵抗の多結晶シリコンを堆積し，ゲート電極を形成する (図 (d))．さらに，ゲートをマスクとしてイオン注入を行い，ソース及びドレーンを形成する．その後，層間絶縁膜を形成し，これに接続用の窓開けを行って金属配線を行う．表面保護膜を堆積し，ボンディングパッド（チップと外部との配線用端子）に対する窓開けを行って外部との配線を行う (図 (e))．

演習問題

7.1 問図 7.1 に示す,ダーリントン接続回路の電流増幅率 (I_C/I_B) を求めよ.ただし,トランジスタ T_1, T_2 の特性は同一と仮定する.

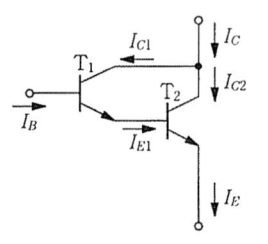

問図 7.1

7.2 同一の特性の増幅器を多段接続すると,高域遮断周波数はどうなるか.また,信号の位相遅れはどのように変化するか.

7.3 オペアンプを用いて,入力信号の振幅を 10 倍にする増幅回路を図示せよ.

7.4 NOR 演算が素演算系をなすことを示せ.

7.5 3 つの論理入力 A, B, C のうち,1 つが 1 の場合だけ出力が 1 となる論理式を導き,それを実現する論理回路を図示せよ.

7.6 CMOS インバータの基本回路を図示し,その動作原理を説明せよ.

7.7 集積回路とは何かを簡単に説明せよ.さらに,集積回路を構成するデバイスの微細化,高集積化がもたらす利点,およびそれを実現する上での課題について述べよ.

参 考 文 献

1) 内山明彦, 平澤茂一 : "理工系のための計算機工学", 昭晃堂, 1990 年
2) 橋本洋志, 富永和人, 松永俊雄, 小澤 智, 木村 幸男 : "コンピュータ概論− ソフトウェア・通信ネットワーク", オーム社, 1997 年
3) 木村 幸男, 小澤 智, 松永俊雄, 橋本洋志 : "コンピュータ概論− ハードウェア", オーム社, 1997 年
4) 柴山 潔 : "コンピュータアーキテクチャの基礎", 近代科学社, 1993 年
5) 柴田英介 (監), 常深信彦 (編) : "画像エレクトロニクス", オーム社, 1998 年
6) 中村慶久 (監) : "情報ストレージガイドブック", オプトロニクス社, 2000 年
7) 都倉信樹 : "コンピュータ概論", 岩波書店, 1992 年
8) 戸川隼人 : "数値計算", 岩波書店, 1991 年
9) 加藤弘一 : "電脳社会の日本語", 文藝春秋, 2000 年
10) 小林英男, 田中敏文, 有岡博之 : "TDKNOW!最先端メディア技術の DVD とその周辺技術について", http://www.tdk.co.jp/tjbce01/bce028_1.pdf
11) 和田 英一 : "けん盤配列にも大いなる関心を (Please Pay Your Attention to the Keyboard Layout)", PFU Technical Review, 3(1992) p.1–15
    http://www.pfu.co.jp/hhkeyboard/pfutechreview/index.html
12) 安岡浩一 : "日本における最新文字コード事情 (前編)", システム/制御/情報, Vol.45 (2001) p.528-535
13) 安岡浩一 : "日本における最新文字コード事情 (後編)", システム/制御/情報, Vol.45 (2001) p.687-694
14) 安岡浩一 : http://kanji.zinbun.kyoto-u.ac.jp/~yasuoka/, (京都大学人文科学研究所附属漢字情報研究センター)
15) 株式会社インセプト : "情報通信辞典 e-Words", http://e-words.jp/
16) 松波 弘之「半導体工学」(昭晃堂, 1983)
17) 相川 孝作, 石田 哲朗, 橋口 住久「新版電子工学概論」(コロナ社, 1964)
18) 原田 耕介, 二宮 保, 中野 忠夫「基礎電子回路」(コロナ社, 1985)
19) 相川 孝作, 石田 哲朗, 橋口 住久「新版電子工学概論」(コロナ社, 1964)
20) 高木 亀一「基礎電気電子回路」(オーム社, 1990)

21) 國枝　博昭「集積回路設計入門」(コロナ社, 1996)
22) 菅野　卓雄「半導体集積回路」(コロナ社, 1995)

索引
(五十音順)

あ 行

アーキテクチャ 130
アクセプタ 180
アクティブマトリクス 146
アスキーコード 154
圧力センサ 85
アドミタンス行列 46
アナログ−ディジタル変換
　（ADC） 67
アルゴリズム 157
安定判別 114
アンペア 12
アンペールの周回積分定理
　　　　　　　　　　16

位相 31
位相おくれ補償要素 122
位相すすみ補償要素 122
位相変調 166
1次おくれ要素 101
一巡伝達関数 117
移動度 182
因果性 93
陰極線管 146
インクジェット式ラインプ
　リンタ 149
インターフェイス 146

インダクタンス 28
インタプリタ 159
インパルス応答 99
インピーダンス行列 45
インピーダンスパラメータ
　　　　　　　　　　45
インピーダンスメータ 75

渦電流 23
薄膜トランジスタ 146

エネルギー帯 176
エミッタ接地回路 197
エミッタ接地電流増幅率
　　　　　　　　　　187
演算増幅器 209

オーバフロー 151
オームの法則 13
オクテットコード 155
遅れ時間 120
オブジェクト指向言語
　　　　　　　　　　159
重み関数 98

か 行

回転磁界 18
外部記憶装置 141

外部コード 153
開放駆動点インピーダンス
　　　　　　　　　　45
開放伝達インピーダンス
　　　　　　　　　　45
外乱 92
回路の方程式 29
ガウスの定理 4
拡散電位 183
拡散電流 182
角周波数 31
過減衰 59
重ね合わせの理 (重ね合せ
　の原理) 2,42
仮数部 152
加速度関数 118
価電子帯 176
可動コイル型電流計 69
可動鉄片型計器 69
過渡現象 54
過渡状態 54
環状結線 48

キーボード 147
記憶装置 134
基準入力要素 92
基準入力信号 92
起電力 13

基本波	60	構造化言語	159	磁気シールド	21
キャッシュ	140	高調波	60	磁気力	14
キャパシタ	7,28	交流回路	31	自己インダクタンス	20
キャパシタンス	29	交流電圧	31	指示計器	67
キャパシタンスマノメータ	85	交流電流	31	指数部	152
キャリア	179	誤差の累積	161	磁性体	20
強磁性体	20	コヒーレント	195	自然放出	193
供給電力最大の法則	44	固有角周波数	102	磁束	18
共振角周波数	37	固有電力	44	磁束密度	14
極	114	コンソール	146	実効値	32,70
許容帯	176	コンダクタンス	26	時定数	56
キルヒホッフの第一法則	39	コンデンサ	7	自動調整	93
キルヒホッフの第二法則	40	コンデンサマイクロホン	85	シフト	147
禁制帯	176	コンパイラ	159	シフト JIS	156
				時不変性	93
		さ 行		自由電子	176
				周期	31
空乏層	184	サーボ機構	93,121	周期関数	59
クーロン	1	サーボ理論	93	周期波	59
クーロンの法則	1	最終値の定理	95	集積回路	219
クーロン力	1	最大行き過ぎ量	121	縦続行列	47
組合せ論理回路	133,215	最大値	31	16 進数	131
加え合せ点	103	サセプタンス分	36	周波数	31
		差動増幅器	205	周波数応答	108
		三次スプライン	164	周波数応答特性	210
計装	89	サンプリングオシロスコープ	80	周波数カウンタ	77
ゲイン補償要素	122			周波数伝達関数	108
桁落ち	162			周波数ブリッジ	77
ケチ表現	152	シーケンサ	135	周波数変調	166
減衰率	102	シーケンシャルアクセス	137	手動計算機	128
				シュレディンガー	174
コイル	28	シーケンス制御	90	瞬時値	31
高域遮断周波数	210	磁界	14	瞬時電力	30
高水準言語	159	磁気回路	21	情報の伝達速度	167

索　引

初期位相		31
処理装置		134
順序回路		133,215
真性半導体		179
振幅		31
振幅位相変調		166
振幅変調		166
スクリプト言語		159
ステップ応答		99
スペクトラムアナライザー		80
正規化		152
制御器		121
制御系の型		118
制御対象		92
制御偏差		92,117
制御量		92
正弦波交流		31
正孔		179
整合		44
静電遮蔽		7
静電誘導		6
整定時間		120
整流型計器		70
積算電力計		76
積分要素		100
絶縁体		10
絶対誤差		161
折点角周波数		111
セマンティックギャップ		131
全加算器		133
線間電圧		49
線形性		93
線電流		49
全二重通信		167
相互インダクタンス		20,38
相対誤差		161
相電圧		49
相電流		49
相補形		213
ソースコード		159
素演算系		213
ソフトウエア		130
ソレノイドコイル		18

た　行

帯域幅		210
第 n 調波		60
ダイオード		185
台形則		164
対称		45
対称3相回路		49
対称3相起電力		48
太陽電池		189
タグ		160
たたみ込み積分		95
立ち上がり時間		120
単位ステップ関数		96
単行通信		167
単純マトリクス		146
短絡駆動点アドミタンス		46
逐次近似法		163
中央演算処理装置		135
中性線		50
調節計		121
直結フィードバック		118
直交振幅変調		166
直接アクセス可能記憶装置		141
直列共振		37
直列接続		8,26
直列抵抗		26
直列伝送		165
直列補償法		122
直流回路		31
直流電圧		31
通信プロトコル		169
追従制御		93
追値制御		93
積み残し		162
低域遮断周波数		210
定位プロセス		123
抵抗		13
抵抗温度計		82
ディジタルメモリスコープ		79
低水準言語		159
定値制御		93
定常位置偏差		118
定常加速度偏差		119
定常状態		31
定常速度偏差		119
定常偏差		117

索引

データ構造	158
テスラ	14
テブナンの定理	42
電圧	26
電圧則	40
電位	5
電位障壁	184
電荷	2
電荷結合素子	87
電界（電場）	2
電界効果トランジスタ	188
電気容量	7
電気力	1
電気力線	3
電源	26
電子式位相差計	76
電子・正孔対生成	179
電磁誘導の法則	22
電磁流体センサ	86
伝達関数	98
点電荷	2
伝導帯	176
電流	12
電流則	39
電流密度	12
電流力計形電力計	75
透磁率	20
等価電圧源の定理	42
動作信号	92
同相成分除去比	207
導体	6
等電位面	5
導電率	13
ドナー	180
ドプラー速度計	88
トポロジー	167
ドリフト電流	182
トレードオフ	130
トレードオフ問題	130

な 行

ナイキスト線図	108
ナイキストの臨界周波数	165
内部帰還増幅器	202
内部コード	153
ニーモニック	160
2次おくれ要素	101
2進数	131
2の補数表現	151
二分法	163
入出力装置	146
入出力ポート	134
ニュートン–コーツ	164
熱線風速計	82
熱電温度センサ	86
ネマチック液晶	146
ノイマン型コンピュータ	129

は 行

ハードウエア	130
バイト	131
バイトコード	155
ハイブリッド行列	46
ハイブリッドパラメータ	46,200
バイポーラ型 SRAM	139
バイポーラトランジスタ	186
倍率器	68
波高値	70
発光ダイオード	193
8進数	131
波動方程式	174
半加算器	133
反転分布	194
半導体記憶素子	137
半二重通信	167
ビオ・サバールの法則	15
光起電力効果	87
光磁気方式	144
光相変化方式	144
光導電セル	83
引き出し点	103
ヒステリシス特性	21
歪センサ	82
皮相電力	37
比抵抗	13
比例要素	99
ピンチオフ	189
ファラッド	8
フィードバック信号	92
フィードバック制御	

索　引

	90,92
フィードバック補償法	122
フィードバック要素	92
フーリエ級数	60
フーリエ変換	80
ブール代数	212
フェーザ表示	34
フェルミ準位	178
フェルミ・ディラック統計	178
符号化	153
複素アドミタンス	35
複素インピーダンス	35
複素表示	34
不純物半導体	180
布線論理方式	136
浮動小数点方式	152
浮遊容量	9
部分分数展開	96
フラッシュメモリ	137,139,217
ブラウン管オシロスコープ	78
ブリッジ法	74
フリップフロップ	216
フルビッツ行列	116
フルビッツの方法	114
フローチャート	158
プログラム	159
プログラム制御	93
プログラム内蔵方式	128
プロセス制御	93
プロセッサ	134
分圧	27
分極	11
分散処理	169
分流	28
分流器	68
平均命令実行時間	136
平衡負荷	49
並列共振	38
並列接続	8,27
並列伝送	166
ベース接地電流増幅率	187
ベースバンド伝送	167
ベクトル軌跡	93
ベクトル表示	34
ヘルムホルツコイル	18
変位センサ	84
変換器（トランスデューサ）	81
偏差	93
変成器	38
ホイートストンブリッジ	72
ボーア	172
ボード線図	93
星形結線	48
補償器	121
補助記憶部	141
ホトダイオード	87,191
ホトトランジスタ	192
ボルト	5

ま　行

マウス	147
マイクロプログラム方式	136
マイクロプロセッサ	135
マクスウェル・ボルツマン統計	178
マシン命令	135
丸め誤差	161
丸め処理	161
マルチオクテット	155
マルチバイト	155
右ネジの法則	16
むだ時間要素	102
無定位プロセス	123
命令セット	135
メモリアレイ	137
メモリセル	137
メモリ素子	137
目標値	92
文字コード	153
文字セット	155
文字符号	153

や　行

有界入力有界出力（BIBO）安定	113
有効電力	37
誘電体	10

誘電率	2,10	
誘導放出	193	
ユニコード	157	
容量	7	
4端子定数	47	

ら行

ラウスの方法	114
ラグランジュ補間	164
ラプラス逆変換	96
ラプラス変換	93
ランダムアクセス	137
ランプ関数	118
リアクタンス分	36
力率	37
リサージュ図形	76
リチャードソン補外	164
利得帯域幅積	211
リフレッシュ動作	139
量子化誤差	71
量子数	174
臨界減衰	59
ルンゲ–クッタ法	164
レーザ	194
レーザページプリンタ	
	150

レジスタ	135
レベル変換器	67
ローレンツ力	14
ロジックアナライザー	79
論理回路	213
論理代数	212

欧文

ALU	135
CASL	160
CISC	136
CMOSインバータ回路	
	213
CMOS回路	213
CPU	134,135
DRAM	139,217
EUC	156
FFT	165
hパラメータ	46,200
IC	219
IEEEフォーマット	152
ISA	136
ISO 10646	156
ISO 2022	156
ISO 5589-1	156
LAN	169
LSB	132
LSI	219
LU分解	164

MOS回路	213
MOSFET	188
MSB	132
n形半導体	180
OCR	147
OSI (Open System Interconnection) 参照モデル	168
p形半導体	180
PID調節計	123
pn接合	183
Qメータ	74
RAM	137,217
RISC	136
ROM	137,217
SGML	160
SI単位系	17
SRAM	217
TCP	170
TCP/IPプロトコル	169
UCS-2	157
UCS-4	157
UDP	170
ULSI	219
UTF8	157
VLSI	219
WAN	169
Y結線	48,49
XML	160
Δ結線	48,49

著者略歴

和田 清
1975年 九州大学大学院工学研究科
博士課程単位取得退学

日本文理大学工学部教授
工学博士

岡田 龍雄
1979年 九州大学大学院工学研究科
博士課程単位取得退学

九州大学システム情報科学
研究院教授
工学博士

興 雄司
1992年 九州大学大学院工学研究科
博士課程修了

九州大学システム情報科学
研究院教授
工学博士

佐道 泰造
1994年 九州大学大学院工学研究科
博士課程修了

九州大学システム情報科学
研究院教授
工学博士

電気・電子工学概論
―オームの法則～コンピュータサイエンス―　　定価はカバーに表示

2003年6月18日　初版第1刷
2014年9月15日　新版第1刷
2015年8月10日　　　第2刷

著　者　和　田　　　清
　　　　岡　田　龍　雄
　　　　興　　　雄　司
　　　　佐　道　泰　造
発行者　朝　倉　邦　造
発行所　株式会社　朝　倉　書　店
東京都新宿区新小川町6-29
郵便番号　162-8707
電　話　03(3260)0141
FAX　03(3260)0180
http://www.asakura.co.jp

〈検印省略〉

© 2014 〈無断複写・転載を禁ず〉

ISBN 978-4-254-22054-4　C 3054

JCOPY　<(社)出版者著作権管理機構 委託出版物>

本書の無断複写は著作権法上での例外を除き禁じられています。複写される場合は，そのつど事前に，(社)出版者著作権管理機構(電話 03-3513-6969，FAX 03-3513-6979，e-mail:info@jcopy.or.jp)の許諾を得てください。

九州工業大学情報科学センター編
デスクトップLinuxで学ぶ コンピュータ・リテラシー
12196-4 C3041　　B5判 304頁 本体3000円

情報処理基礎テキスト（UbuntuによるPC-UNIX入門）。自宅ＰＣで自習可能。〔内容〕UNIXの基礎／エディタ，漢字入力／メール，Web／図の作製／LATEX／UNIXコマンド／簡単なプログラミング他

前東北大 丸岡　章著
情報トレーニング
―パズルで学ぶ，なっとくの60題―
12200-8 C3041　　A5判 196頁 本体2700円

導入・展開・発展の三段階にレベル分けされたパズル計60題を解きながら，情報科学の基礎的な概念・考え方を楽しく学べる新しいタイプのテキスト。各問題にヒントと丁寧な解答を付し，独習でも取り組めるよう配慮した。

前日本IBM 岩野和生著
情報科学こんせぷつ4
アルゴリズムの基礎
―進化するＩＴ時代に普遍な本質を見抜くもの―
12704-1 C3341　　A5判 200頁 本体2900円

コンピュータが計算をするために欠かせないアルゴリズムの基本事項から，問題のやさしさ難しさまでを初心者向けに実質的にやさしく説き明かした教科書〔内容〕計算複雑度／ソート／グラフアルゴリズム／文字列照合／NP完全問題／近似解法

慶大 河野健二著
情報科学こんせぷつ5
オペレーティングシステムの仕組み
12705-8 C3341　　A5判 184頁 本体3200円

抽象的な概念をしっかりと理解できるよう平易に記述した入門書。〔内容〕Ｉ／Ｏデバイスと割込み／プロセスとスレッド／スケジューリング／相互排除と同期／メモリ管理と仮想記憶／ファイルシステム／ネットワーク／セキュリティ／Windows

明大 中所武司著
情報科学こんせぷつ7
ソフトウェア工学（第3版）
12714-0 C3341　　A5判 160頁 本体2600円

ソフトウェア開発にかかわる基礎的な知識と"取り組み方"を習得する教科書。ISOの品質モデル，PMBOK，UMLについても説明。初版・2版にはなかった演習問題を各章末に設定することで，より学習しやすい内容とした。

日本IBM 福田剛志・日本IBM 黒澤亮二著
情報科学こんせぷつ12
データベースの仕組み
12713-3 C3341　　A5判 196頁 本体3200円

特定のデータベース管理ソフトに依存しない，システムの基礎となる普遍性を持つ諸概念を詳説。〔内容〕実体関連モデル／リレーショナルモデル／リレーショナル代数／SQL／リレーショナルモデルの設計論／問合せ処理と最適化／X Query

東北大 安達文幸著
電気・電子工学基礎シリーズ8
通信システム工学
22878-6 C3354　　A5判 176頁 本体2800円

図を多用し平易に解説。〔内容〕構成／信号のフーリエ級数展開と変換／信号伝送とひずみ／信号対雑音電力比と雑音指数／アナログ変調（振幅変調，角度変調）／パルス振幅変調・符号変調／ディジタル変調／ディジタル伝送／多重伝送／他

東北大 塩入　諭・東北大 大町真一郎著
電気・電子工学基礎シリーズ18
画像情報処理工学
22888-5 C3354　　A5判 148頁 本体2500円

人間の画像処理と視覚特性の関連および画像処理技術の基礎を解説。〔内容〕視覚の基礎／明度知覚と明暗画像処理／色覚と色画像処理／画像の周波数解析と視覚処理／画像の特徴抽出／領域処理／二値画像処理／認識／符号化と圧縮／動画像処理

石巻専修大 丸岡　章著
電気・電子工学基礎シリーズ17
コンピュータアーキテクチャ
―その組み立て方と動かし方をつかむ―
22887-8 C3354　　A5判 216頁 本体3000円

コンピュータをどのように組み立て，どのように動かすのかを，予備知識がなくても読めるよう解説。〔内容〕構造と働き／計算の流れ／情報の表現／論理回路と記憶回路／アセンブリ言語と機械語／制御／記憶階層／コンピュータシステムの制御

室蘭工大 永野宏治著
信号処理とフーリエ変換
22159-6 C3055　　A5判 168頁 本体2500円

信号・システム解析で使えるように，高校数学の復習から丁寧に解説。〔内容〕信号とシステム／複素数／オイラーの公式／直交関数系／フーリエ級数展開／フーリエ変換／ランダム信号／線形システムの応答／ディジタル信号ほか

九大 川邊武俊・前防衛大 金井喜美雄著
電気電子工学シリーズ11
制　　御　　工　　学
22906-6　C3354　　　　A 5判 160頁 本体2600円

制御工学を基礎からていねいに解説した教科書。〔内容〕システムの制御／線形時不変システムと線形常微分方程式，伝達関数／システムの結合とブロック図／線形時不変システムの安定性，周波数応答／フィードバック制御系の設計技術／他

東北大 安藤　晃・東北大 犬竹正明著
電気・電子工学基礎シリーズ5
高　　電　　圧　　工　　学
22875-5　C3354　　　　A 5判 192頁 本体2800円

広範な工業生産分野への応用にとっての基礎となる知識と技術を解説。〔内容〕気体の性質と荷電粒子の基礎過程／気体・液体・固体中の放電現象と絶縁破壊／パルス放電と雷現象／高電圧の発生と計測／高電圧機器と安全対策／高電圧・放電応用

前長崎大 小山　純・福岡大 伊藤良三・九工大 花本剛士・九工大 山田洋明著
最新 パワーエレクトロニクス入門
22039-1　C3054　　　　A 5判 152頁 本体2800円

PWM制御技術をわかりやすく説明し，その技術の応用について解説した。口絵に最新のパワーエレクトロニクス技術を活用した装置を掲載し，当社のホームページから演習問題の詳解と，シミュレーションプログラムをダウンロードできる。

東北大 松木英敏・東北大 一ノ倉理著
電気・電子工学基礎シリーズ2
電磁エネルギー変換工学
22872-4　C3354　　　　A 5判 180頁 本体2900円

電磁エネルギー変換の基礎理論と変換機器を扱う上での基礎知識および代表的な回転機の動作特性と速度制御法の基礎について解説。〔内容〕序章／電磁エネルギー変換の基礎／磁気エネルギーとエネルギー変換／変圧器／直流機／同期機／誘導機

福岡大 西嶋喜代人・九大 末廣純也著
電気電子工学シリーズ13
電気エネルギー工学概論
22908-0　C3354　　　　A 5判 196頁 本体2900円

学部学生のために，電気エネルギーについて主に発生，輸送と貯蔵の観点からわかりやすく解説した教科書。〔内容〕エネルギーと地球環境／従来の発電方式／新しい発電方式／電気エネルギーの輸送と貯蔵／付録：慣用単位の相互換算など

前阪大 浜口智尋・阪大 森　伸也著
電　　子　　物　　性
―電子デバイスの基礎―
22160-2　C3055　　　　A 5判 224頁 本体3200円

大学学部生・高専学生向けに，電子物性から電子デバイスまでの基礎をわかりやすく解説した教科書．近年目覚ましく発展する分野も丁寧にカバーする．章末の演習問題には解答を付け，自習用・参考書としても活用できる．

九大 浅野種正著
電気電子工学シリーズ7
集　積　回　路　工　学
22902-8　C3354　　　　A 5判 176頁 本体2800円

問題を豊富に収録し丁寧にやさしく解説〔内容〕集積回路とトランジスタ／半導体の性質とダイオード／MOSFETの動作原理・モデリング／CMOSの製造プロセス／ディジタル論理回路／アナログ集積回路／アナログ・ディジタル変換

前阪大 浜口智尋・阪大 谷口研二著
半導体デバイスの基礎
22155-8　C3055　　　　A 5判 224頁 本体3600円

集積回路の微細化，次世代メモリ素子等，半導体の状況変化に対応させてていねいに解説。〔内容〕半導体物理への入門／電気伝導／pn接合型デバイス／界面の物理と電界効果トランジスタ／光電効果デバイス／量子井戸デバイスなど／付録

前青学大 國岡昭夫・信州大 上村喜一著
新版 基 礎 半 導 体 工 学
22138-1　C3055　　　　A 5判 228頁 本体3400円

理解しやすい図を用いた定性的説明と式を用いた定量的な説明で半導体を平易に解説した全面的改訂新版。〔内容〕半導体中の電気伝導／pn接合ダイオード／金属―半導体接触／バイポーラトランジスタ／電界効果トランジスタ

東北大 田中和之・秋田大 林　正彦・前東北大 海老澤丕道著
電気・電子工学基礎シリーズ21
電子情報系の 応　用　数　学
22891-5　C3354　　　　A 5判 248頁 本体3400円

専門科目を学習するために必要となる項目の数学的定義を明確にし，例題を多く入れ，その解法を可能な限り詳細かつ平易に解説。〔内容〕フーリエ解析／複素関数／複素積分／複素関数の展開／ラプラス変換／特殊関数／2階線形偏微分方程式

前広島工大 中村正孝・広島工大 沖根光夫・広島工大 重広孝則著 電気・電子工学テキストシリーズ3 **電　気　回　路** 22833-5　C3354　　　B 5 判 160頁 本体3200円	工科系学生向けのテキスト。電気回路の基礎から丁寧に説き起こす。〔内容〕交流電圧・電流・電力／交流回路／回路方程式と諸定理／リアクタンス／3相交流回路／非正弦波交流回路／分布定数回路／基本回路の過渡現象／他
東北大 山田博仁著 電気・電子工学基礎シリーズ7 **電　気　回　路** 22877-9　C3354　　　A 5 判 176頁 本体2600円	電磁気学との関係について明確にし，電気回路学に現れる様々な仮定や現象の物理的意味について詳述した教科書。〔内容〕電気回路の基本法則／回路素子／交流回路／回路方程式／線形回路において成り立つ諸定理／二端子対回路／分布定数回路
前九大 香田　徹・九大 吉田啓二著 電気電子工学シリーズ2 **電　気　回　路** 22897-7　C3354　　　A 5 判 264頁 本体3200円	電気・電子系の学科で必須の電気回路を，初学年生のためにわかりやすく丁寧に解説。〔内容〕回路の変数と回路の法則／正弦波と複素数／交流回路と計算法／直列回路と共振回路／回路に関する諸定理／能動2ポート回路／3相交流回路／他
前京大 奥村浩士著 **電　気　回　路　理　論** 22049-0　C3054　　　A 5 判 288頁 本体4600円	ソフトウェア時代に合った本格的電気回路理論。〔内容〕基本知識／テブナンの定理等／グラフ理論／カットセット解析等／テレゲンの定理等／簡単な線形回路の応答／ラプラス変換／たたみ込み積分等／散乱行列等／状態方程式等／問題解答
信州大 上村喜一著 **基　礎　電　子　回　路** ―回路図を読みとく― 22158-9　C3055　　　A 5 判 212頁 本体3200円	回路図を読み解き・理解できるための待望の書。全150図。〔内容〕直流・交流回路の解析／2端子対回路と増幅回路／半導体素子の等価回路／バイアス回路／基本増幅回路／結合回路と多段増幅回路／帰還増幅と発振回路／差動増幅器／付録
前工学院大 曽根　悟訳 **図解 電　子　回　路　必　携** 22157-2　C3055　　　A 5 判 232頁 本体4200円	電子回路の基本原理をテーマごとに1頁で簡潔・丁寧にまとめられたテキスト。〔内容〕直流回路／交流回路／ダイオード／接合トランジスタ／エミッタ接地増幅器／入出力インピーダンス／過渡現象／デジタル回路／演算増幅器／電源回路，他
前広島国際大 菅　博・広島工大 玉野和保・青学大 井出英人・広島工大 米沢良治著 電気・電子工学テキストシリーズ1 **電　気・電　子　計　測** 22831-1　C3354　　　B 5 判 152頁 本体2900円	工科系学生向けテキスト。電気・電子計測の基礎から順を追って平易に解説。〔内容〕第1編「電磁気計測」(19教程)―測定の基礎／電気計器／検流計／他。第2編「電子計測」(13教程)―電子計測システム／センサ／データ変換／変換器／他
前理科大 大森俊一・前工学院大 根岸照雄・前工学院大 中根　央著 **基　礎　電　気・電　子　計　測** 22046-9　C3054　　　A 5 判 192頁 本体2800円	電気計測の基礎を中心に解説した教科書，および若手技術者のための参考書。〔内容〕計測の基礎／電気・電子計測器／計測システム／電流，電圧の測定／電力の測定／抵抗，インピーダンスの測定／周波数，波形の測定／磁気測定／光測定／他
九大 岡田龍雄・九大 船木和夫著 電気電子工学シリーズ1 **電　磁　気　学** 22896-0　C3354　　　A 5 判 192頁 本体2800円	学部初学年の学生のためにわかりやすく，ていねいに解説した教科書。静電気のクーロンの法則から始めて定常電流界，定常電流が作る磁界，電磁誘導の法則を記述し，その集大成としてマクスウェルの方程式へとたどり着く構成とした
元大阪府大 沢新之輔・摂南大 小川英一・前愛媛大 小野和雄著 エース電気・電子・情報工学シリーズ **エ　ー　ス　電　磁　気　学** 22741-3　C3354　　　A 5 判 232頁 本体3400円	演習問題と詳解を備えた初学者用大好評教科書。〔内容〕電磁気学序説／真空中の静電界／導体系／誘電体，静電界の解法／電流／真空中の静磁界／磁性体と静磁界／電磁誘導／マクスウェルの方程式と電磁波／付録：ベクトル演算，立体角

上記価格（税別）は 2015 年 7 月現在